黄秋葵栽培模式

割茎再生栽培

露田地膜覆盖

大棚育苗移栽

幼林猕猴桃园套种

露田直播栽培

浙江宁波奉化范氏农场黄秋葵露田生产基地

黄秋葵较耐涝、不耐寒

较耐涝！

淹水24小时的生长情况

淹水后经管理迅速恢复正常

不耐寒

黄秋葵苗期冷害产生白化苗

黄秋葵菜谱示例

秋葵炒鸡蛋

小炒黄秋葵

秋葵炒虾仁

白灼黄秋葵

豆酱百合黄秋葵

秋紫山药冷豆腐

速冻黄秋葵

琳琅满目的黄秋葵产品

宁波市科学技术协会重点科普项目专项资助

宁波科普

黄秋葵标准化生产

俞庚戌　张仁杰　主编

中国农业科学技术出版社

图书在版编目(CIP)数据

黄秋葵标准化生产 / 俞庚成,张仁杰主编. —北京:中国农业科学技术出版社,2018.3

ISBN 978-7-5116-3476-4

Ⅰ.①黄… Ⅱ.①俞…②张… Ⅲ.①黄秋葵-蔬菜园艺 Ⅳ.①S649

中国版本图书馆 CIP 数据核字(2018)第 007809 号

责任编辑　　崔改泵
责任校对　　马广洋

出 版 者　　中国农业科学技术出版社
　　　　　　北京市中关村南大街 12 号　邮编:100081
电　　话　　(010)82109194(编辑室)　　(010)82109702(发行部)
　　　　　　(010)82109709(读者服务部)
传　　真　　(010)82106650
网　　址　　http://www.castp.cn
经 销 者　　各地新华书店
印 刷 者　　北京富泰印刷有限责任公司
开　　本　　889 mm×1 194 mm　1/32
印　　张　　6.25　彩插 4
字　　数　　174 千字
版　　次　　2018 年 3 月第 1 版　2018 年 3 月第 1 次印刷
定　　价　　40.00 元

前　言

　　黄秋葵作为食、药、花多功能蔬菜,既有独特的口味,又具有一定的养生保健功能,还可作为花卉植物美化环境。目前,关于黄秋葵的来源并无定论,对引进的时间也有很大争议,但其却已从众多的食药两用蔬菜中走红。

　　黄秋葵的声名鹊起,缘于北京申办 2008 年第 29 届奥运会成功后,入选为"奥运蔬菜"之一。凭借"奥运蔬菜""运动员首选""植物伟哥"的盛誉,天然的荷尔蒙、调节内分泌、抗衰老、低热量、抗氧化、消除疲劳、迅速恢复体力,这些名头顺应了城乡居民生活水平提升后,热衷减肥、健身、养生、保健的消费态势,于是曾偏居一隅的乡菜,走上了都市白领的餐桌,走进了中老年消费者的食谱。

　　黄秋葵嫩果肉质柔嫩、黏质润滑,具有特殊香气和风味,而且富含蛋白质、游离氨基酸、维生素 C、维生素 A、维生素 E 和磷、铁、钾、钙、锌、锰等矿质元素,以及黄酮和多糖等成分,能帮助消化,防止便秘,保护肝肾,增强耐力和抗癌能力,减少肺损伤,提高机体免疫力,具有利尿、增强血管扩张力、保护心脏等功效。此外,黄秋葵低脂低糖,其可溶纤维还能促进机体内物质排泄,降低胆固醇含量,是良好的减肥食品。尽管食物不是药物,食疗不等于药疗,但我国自古以来就有"药食同源""药补不如食补"的传统养生文化,据陆林玲对荣获 2016 年度国家科技进步奖一等奖的"黄葵胶囊"(苏中)主要成分 PK、PD 研究，黄酮类成分是其主要药效的物质基础，这也为黄秋葵的药疗价值提供了佐证。

本书作者长期在基层从事农技推广工作，本着发展食药两用蔬菜，推进蔬菜产业转型升级、提质增效的愿景，搜集整理了大量相关文献资料，结合本地生产经验，将近年来蔬菜生产上正在推广的塑盘和压缩型基质钵育苗，微灌、滴灌水肥一体化，二氧化碳气肥应用，病虫害绿色防控和高效茬口布局等新技术、新肥药进行了推介。

本书共9章，概述了黄秋葵的起源与分布、营养与保健价值、产业现状与发展，简介了黄秋葵生物学特性及环境条件要求、开发应用研究，重点叙述了品种选择、育苗、大田管理、病虫害防治、质量安全与标准化生产技术。适宜相关专业户和技术人员学习参考。

本书在编写中得到了许多部门的支持与帮助，参阅引用了许多学者与同行公开发表的论文和著作，选用了互联网上一些佚名资料与图片，在此一并致以衷心的感谢。

由于编写经验不足，学识水平有限，且时间局促，书中不当之处敬请读者批评与指正。

编　者

2017 年 9 月

目　　录

第一章　概　述

第一节　黄秋葵的起源与分布

黄秋葵（*Abelmoschus esculentus*（Linn.）Moench），别名咖啡黄葵、秋葵、羊角豆、越南芝麻、洋辣椒、补肾草、美人指等，是锦葵科秋葵属一年生的草本植物，菜、药、花和饲料兼用型作物。据《中国植物志》所载，黄秋葵正名咖啡黄葵，原产于印度。目前，关于黄秋葵的起源，多种书刊及科技资料说法颇不一致，多数认为原产于非洲，后来引种到美洲，现今最大的生产地在南美州。然而也有少数资料坚持认为，黄秋葵在我国并非舶来品，而是自古有之，食用历史可追溯到周代，《汉书》《左传》《春秋》《诗经》《说文解字》等古籍均有葵的记载。现代权威典籍如《辞海》中载称"黄蜀葵一名秋葵，原产我国"。明代李时珍《本草纲目》中，对其形态特征进行了详细描述："黄葵二月下种，或宿子在土自生，至夏始长。叶大如蓖麻叶，深绿色，开岐丫，有人亦呼为侧金盏花。叶有五尖如人爪形，旁有小尖，六月开花，大如碗，鹅黄色，紫心六瓣而侧，午开暮落，随后结角，大如拇指，长二寸许，本大末尖，六棱有毛，老则黑色，内有六房如脂麻，其子累累在房内，状如麻子，色黑，其茎长者六七尺"。但据祁振声对"葵"的演化及其原植物考证，《本草纲目》将黄蜀葵简称"黄葵"，黄蜀葵［*Abelmoschus manihot*（Linn.）Medicus］与黄葵原指一物，今黄蜀葵形态特征、花期、用途等均与古籍记载基本吻合；现秋葵属另有黄葵（*Abelmoschus moschatus* Medicus），为同属 2 种。可见彼黄蜀葵、黄葵、秋葵，均非当今之黄秋葵。

黄秋葵广泛生长分布于热带到亚热带和地中海气候地带,最适合在温热气候条件生长(温度在26℃左右),目前黄秋葵已在美国、日本、印度、埃及、科特迪瓦、巴西、尼日利亚、斯里兰卡等地大面积栽培,世界各地均有黄秋葵的栽培与分布。种植面积最大的是美国、印度和埃及。日本等国率先进行保护地生产,并培育出一批新优品种。

我国引进黄秋葵的时间也有很大争议,有认为16世纪经由印度引入种植的;也有认为是20世纪初(或说20世纪80—90年代)从印度引入种植(或说从美国、日本引进)。我国地域辽阔,气候资源丰富,是多种蔬菜的起源地或次生中心,福建省建宁、将乐和泰宁诸县种植的黄秋葵品种洋辣和茄椒已有百年之久。秋葵属所属9个种中,分布于我国各地的有6个种,其种名及其分布见表1-1。6个种中作菜用栽培的学名咖啡黄葵。据张玉娟等文献报告,自20世纪90年代以来,山东、广东、江苏、浙江、海南和福建等省份种植规模逐渐扩大,有些城市在周边少量栽培供园林观赏用。浙江、江苏、山东等地的黄秋葵(图1-1)主要销往日本、韩国,海

表1-1 我国秋葵6个种的种名及其分布

种名	分布
A. manihot Medikus[黄蜀葵]	河北、山东、河南、陕西、四川、湖南、贵州、云南、广东、广西、福建等地
A. crintus Wall[长毛黄葵]	云南、贵州、广西、海南
A. esculentus[L.]Moench[咖啡黄葵]	云南、广东、湖南、湖北、浙江、江苏、山东、河北
A. moschatus Medikus Subsp. *tuberosus*[Span]Borss[黄葵]	广西、广东、云南、台湾、湖南、江西
A. tetraphyllvs[Roxb. ex Hornem.]R. Graham[刚毛黄蜀葵]	四川、贵州、湖北、广东、台湾
A. muliensit. Feng[木盟秋葵]	四川

南主要是冬春季供应全国市场,其他地区主要就近内销,少数的进入深加工产业链。山东省胶东、鲁西南等地发挥本地自然优势,发展特色农产品,扩大黄秋葵种植面积,2016年山东种植面积已超过2万hm²,占全国的10%以上,其中80%主要作为特菜速冻之后出口日、韩等国,初步形成了沿海规模化生产的产业格局。

图1-1 浙江宁波奉化范氏农场的黄秋葵生产基地

第二节 营养成分与保健价值

黄秋葵营养丰富,嫩果富含蛋白质,各种游离氨基酸,维生素A、维生素B、维生素C、维生素E等多种维生素,钾、钙、铁、锌、磷、锰等矿质元素及由果胶等多糖组成的黏性物质。其中,每100g嫩果中就含蛋白质2.5g,脂肪0.1g,碳水化合物2.7g,粗纤维3.9g,维生素B_2 0.06mg、维生素C 44mg、维生素E 1.03mg、VPP(烟酰胺)1.0mg、维生素A 660IU(0.2mg),矿质营养钾95mg、钙45mg、磷65mg、镁29mg。此外,其各个部位均含有纤维素、半纤维素和木质素。由于黄秋葵品种多样,其营养成分含量会因品种不同而有所不同。有研究表明,黄秋葵因其老、嫩程度不同,营养成分的含量上也有差别,因此只有适时采摘,才能保证其最佳的食用品质。

黄秋葵的嫩果脆嫩多汁,口感圆润,香味特殊,能助消化,解辛辣,有医疗保健作用,是老年人的保健食品。如黄秋葵中的维生素 A 能有效地防护视网膜,防止白内障的产生;维生素 C 则可预防心血管疾病发生,和可溶性纤维(果胶)结合作用,对皮肤还有一定温和的保护效应;维生素 E 能促进性激素分泌,使男子精子活力和数量增加,使女子雌性激素浓度增高,对防治男性不育症和提高女性生育能力有一定的帮助;可溶性纤维则能促进体内有机物质的排泄,减少毒素在体内的积累,降低胆固醇含量,改善肠道菌群,可预防便秘、直肠癌、大肠癌、痔疮、阑尾炎及下肢静脉曲张等疾病,预防胆结石的形成;果胶和多糖等组成的黏性物质(糖聚合体),具有促进胃肠蠕动、防止便秘等保健作用,适当多食可增强性功能和人体的耐力;另外黄秋葵低脂、低糖,能产生饱腹感,有助于肥胖病人控制进食量,可作为减肥食品,改善耐糖量,调节糖尿病病人的血糖水平,可作为糖尿病人的保健食品;同时由于它富含锌和硒等微量元素,可以增强人体防癌抗癌的能力。

黄秋葵种子富含人体必需的不饱和脂肪酸达 80% 以上(主要为亚油酸和油酸,其中亚油酸占油脂总量的 80% 以上,油酸占 6% 以上,亚麻酸占 0.3%),对降脂、保护心脑血管具有很好的作用,是一种高档植物油原料。此外,有研究表明还含 1% 左右咖啡碱,其功能与茶叶(含咖啡碱为 2.5%~5.5%)、咖啡豆(咖啡碱含量 1%~2%)、可可豆(含咖啡碱 0.3%)、可乐豆(含咖啡碱 1%~2%)相当。其种子经加工可作为咖啡替代物,而且不含咖啡因,具有较好的提神作用,北美、日本等发达国家已将新鲜黄秋葵作为运动员抗疲劳的首选蔬菜及老年人的保健蔬菜。

黄秋葵中黄酮类物质含量达 2.8%,种子中稀有黄酮单体金丝桃苷占总黄酮的 50% 以上。其药理作用是保护心脑血管,对人体急性心肌缺血,缺氧损伤具有保护作用,可降低急性心肌梗死的梗死面积,对心肌损伤有一定的保护作用;能显著抑制胆固醇

(TC)、甘油三酯(TG)及低密度脂蛋白胆固醇(LDL-C)的升高,降低游离脂肪酸水平,从而降低血脂水平;对中枢神经有显著镇痛作用。

第三节 产业现状与发展前景

近年来,国内外黄秋葵栽培利用研究主要集中在其菜蔬用途方面,特别是国内对黄秋葵栽培及营养研究方兴未艾。栽培技术研究的广泛开展,为优质高产稳产提供了技术支持,对我国各地区创汇农业的发展起到了积极的作用。此外,在医药保健、饮料、园艺观赏和生态旅游方面的应用价值,也在不断研究开发。

一、产业现状

近年来城乡居民养生保健意识增强,对蔬菜的功能性、保健性、食疗性的关注认可度日益增长,黄秋葵的营养保健功能受到人们的重视和喜爱,市场需求迅速增加带动了生产的发展,但产业规模还缺少数据统计。现山东、广东、江苏、浙江、海南和福建等省区市,已随处可见其身影,黄秋葵市场价也从每千克20多元,逐渐降到现在上市时每千克14~16元,便宜的时候6~8元,亩(15亩 = 1hm²,全书同)产量一般在1 500~2 000kg,亩产值在1.0万~2.0万元。

据赖正锋等(2009)报道,福建省漳州地区已种植黄秋葵多年,年单产可达2 500kg,农民种植一季黄秋葵,纯收入可达4 000余元。据方明清2014年在福建省龙海市东园镇峨浪山果蔬合作社开展人棚栽培黄秋葵研究,种植大棚黄秋葵1.2hm²,于2月1—3日播种,3月11—17日定植,4月18日开始陆续采收上市,11月底采收结束,平均每亩收获鲜荚果3 900kg,产值2.2万元左右,取得了较好的经济效益。

据李玉红报道,2014年黑龙江省青冈县已发展黄秋葵5.9hm²,平均产量达39t/hm²,纯效益在15万元/hm²以上,经济效益可观,示范效果显著。据贾仕金等文献介绍,浙江省衢州市2014年黄秋葵种植面积超过200hm²,亩产值达 7 000~10 000元,经济效益显著。据郎小芸文献介绍,2014年甘肃省民勤县惠农蔬菜产销专业合作社,首次引进种植黄秋葵 1.33hm²并获得成功,鲜果平均产量达到 9 750kg/hm²,折合收入 64 200多元/hm²。

各地通过系统和杂交选育等方法,已选育出一些适于当地栽培的新品种。如山东省农科院特色经济作物研究中心在引进、改造品种资源的基础上,通过人工杂交和系统选育,先后育成优质、高产、抗逆、出口日韩专用型的一代杂交种——秋葵101和红秋葵品种——秋葵102。江苏沿海地区农业科学研究所与江苏省盐土生物资源研究重点实验室以建阳为母本,五福为父本,采用杂交育种与系统育种相结合的方法,育成高产、优质黄秋葵新品种苏秋葵1号(原名盐秋葵116)。福建省农业科学院亚热带农业研究所及作物研究所以东园2号为母本、以gz136-1为父本杂交选育出闽秋葵1号。

黄秋葵专业合作社,如创办于2008年8月的浙江省江山市秀地果蔬专业合作社,专业从事黄秋葵花茶生产、种植、加工与销售;如青岛瑞辉丰黄秋葵种植专业合作社,专业从事黄秋葵种植和销售,拥有500亩黄秋葵种植基地,并提供种植过程中所需的化肥、种子及生产资料和技术咨询服务。全国各地黄秋葵专业合作社、农业科技(开发)公司和家庭农场,从规模化生产、高产栽培技术的专业培训、生产资料的统一购买,到农产品的初加工,不仅降低了农业成本,更有利于市场的开发和品牌的形成,促进构建"公司+基地"的合作关系。

黄秋葵加工、销售企业深化加工,通过速冻加工出口外销,或利用现阶段的冻干工艺加工出来的黄秋葵冻干食品,其外观没有发生任何的改变,并且口感松脆、香甜可口,或加工酒、制作嫩荚原浆果糕、生产干蔬、制作花茶等,或作为食品、保健品和药品的原料,或生产咖啡、葵油和饲用蛋白等,或提取叶黄素制作禽类饲料等。如深圳市葵瑞生物科技、浙江三门富达果蔬专业合作社、浙江江山市秀地生物等生产黄秋葵花茶，充分开发黄秋葵的价值，推进黄秋葵产业化发展。宁波市奉化乐野生态农场 2015 年研究开发 5kg 黄秋葵花茶，以每千克 2 200 元的价格通过空运销往我国香港。

二、发展前景

北京 2001 年 7 月成功申办 2008 年第 29 届奥运会后，针对奥运的科技需求，国家科技部等制订了"国家奥运科技（2008）行动计划"，北京市科委制定了"北京科技奥运建设专项规划"，这些计划和规划的成功实施，形成了一大批优秀科技成果。为落实"以奥运成果惠及社会"的科技奥运理念，有关部门开展"奥运农业科技成果推广转移"工作，前期重点推广北京市农林科学院的奥运蔬菜相关成果，包括奥运蔬菜名优品种、安全生产技术、采后处理与流通技术、加工技术等，覆盖蔬菜产业全过程的各个环节。"奥运蔬菜"开始流行。

黄秋葵作为入选"奥运蔬菜"之一，本身含有蛋白质、脂肪、碳水化合物及丰富的维生素、钙、磷、铁等，且口感、卖相都不错。"奥运蔬菜""运动员首选""植物伟哥""青奥特供"，通过媒体网络传播共同助推了秋葵的走红，迅速地与传统养生文化"吃什么补什么，药补不如食补"，与中老年人健康养生和都市白领减肥健身接上地气。与此同时，经销商和菜农们发现了商机，开始在国内规模化引种生产，于是曾经偏居一隅的小众蔬菜声名鹊起，走进普通群众的锅里碗中。随着老年人和民众对养生保健功效的日益关注，黄秋葵的市场认知度越来越广，黄秋葵饮品系列——花蜜、酒、花茶、咖啡，食品深加工系列——干果、食用油、米糕、面条等，药用保健品系列——胶囊等系列产品的开发和出口创汇，将推动国内黄秋葵的规模化种植。黄秋葵开发利用主要途径有：

1. 进行产业化开发

黄秋葵作为菜药两用蔬菜，选择合适的品种进行产业化生产，将嫩果以蔬菜形式进行销售和出口,可以带来可观的经济效益;将鲜花制作花茶,加上精美包装,可作为绿色礼品出售;与普通茶叶混配,使之在滋味和营养价值上实现互补,开发黄秋葵保健茶;也可作为化妆品的原料开发,生产防止紫外线辐射、保护皮肤、治疗创口、美容养颜的纯植物的绿色化妆品。

2. 研发保健产品

加强黄秋葵食品功能与保健价值的研究,作为运动员和老年人的保健品销售,还可研发为减肥产品,如利用黄秋葵的种子提取黄酮和多种维生素,以老果的种子生产葵油、秋葵咖啡等。

3. 进行休闲农业项目开发

黄秋葵花色艳丽,可作为生态旅游一个观赏项目,可采取采摘园和原生态餐厅的方法,使黄秋葵的生产、采摘、加工、销售、服务实现一体化。

第四节　食用方法

黄秋葵既可清炒,又可与猪肉、虾仁、鱿鱼、鸡蛋等一起炒食,还可以凉拌、油炸、入汤,那种特别的柔滑香嫩一定会让你过口不忘。它的属性偏寒凉,烫熟后蘸掺有蒜末、辣椒末的酱油食用,可以平衡它的寒凉,但脾胃虚寒、容易腹泻或排软便的人,还是不宜吃太多。秋葵加入咖喱和其他调味料一起煮,味道便迥然不同,对秋葵不大习惯的人不妨一试。秋葵也能生食,洗净后冷藏能保存几天,鲜味不减。主要食用方式有如下几种:

1. 凉拌

切除果蒂,置于沸水中 2~3 分钟,捞出,凉水速冲,切成细丝,加入各种佐料调制。

2. 炒食

去蒂后放入沸水中 30 秒左右,捞出控水,切成厚 1cm 的片备用。取瘦猪肉切片,放油锅中爆炒,随即加入黄秋葵片,旺火速炒,加入调料,起锅装盘即可。

3. 油炸

取面粉适量,加鸡蛋 1 个,水调至糊状,调料适当。将去蒂后的黄秋葵粘裹面糊,下油锅炸至乳黄色起锅装盘,蘸调料食用即可。

4. 汤食

分花汤(又分鲜花汤与干花)与嫩荚汤、根汤,可与鲜肉、蛋做即食汤,其干花与根可分别制作老火例汤。

黄秋葵在烹饪上要注意以下几个技巧。

(1)为了保持秋葵的营养成分和口感,一般如果白灼,氽水时间不要超过 3 分钟。炒制的话,时间不要超过 5 分钟。

(2)秋葵切段炒的时候,会有黏液,有些人为了菜肴的美观,会事先把黏液洗去再炒,其实秋葵的黏液正是它的营养精华所在,所以不要怕黏,黏的才是营养的。

第二章 黄秋葵生物学特性与 环境条件要求

第一节 生物学特性

黄秋葵属短日照植物,喜温暖、喜光、喜肥,耐热、耐旱、较耐涝,但不耐霜冻;对光照条件尤为敏感,要求光照充足;对土壤适应性较强,但以土层深厚、疏松肥沃、排水良好的壤土或沙壤土较宜。吸肥能力很强,在生长前期以氮肥为主,中后期需磷钾肥较多。因其根系发达,故不必经常灌溉。在光照、温度、肥水优越的条件下,发芽期、幼苗期、开花结果期均会不同程度提前,抽叶时间间隔缩短,叶片数量增加(主要因侧枝萌发和生长能力增强引起),整个生长周期延长。

一、生物学特征

黄秋葵有高株型和矮株型之分。高株型高达 2m 以上,矮株型高 1m 以上。一般采收嫩果的黄秋葵,其植株高大;采收种果的株形较矮。

1. 根

黄秋葵的根系属直根系,由主根、侧根、支根和根毛组成。根系发达,呈辐射状向四处伸展,根系分布范围广,多分布于 0~60cm 深的土壤中,主根入土深度可达 2m 以上,侧根主要分布在地表 10~30cm 的土层内,上层侧根较长,往下渐短,吸收力强,抗旱性强(图 2-1)。

图 2-1　黄秋葵的根、茎、叶

2. 茎

　　黄秋葵的茎是由若干个相对独立的节和节间组成。茎直立，圆柱形，通常高 1.0~2.5m，绿果型茎秆为绿色，红果型茎秆为紫色，茎上被刚毛，并有砂糖状结晶。茎的高矮、粗细，随品种、土壤、肥料、温度、水分条件和种植密度不同而有变化。植株基部节间较短，叶腋间常有侧枝发生，而上部节间较长，无侧枝发生。凡着生花的节位不再发生侧枝。茎秆老成后木质化。

3. 叶

　　黄秋葵的叶是单叶，互生型，为掌状裂叶，3~7 裂，直径 10~30cm，有近心脏形、掌状浅裂、掌状半裂、掌状深裂、羽状全裂、指状全裂等。叶片绿色或紫色，叶面有茸毛或刚毛；叶柄细长中空，长 7~15cm，有刚毛；托叶线形，长 7~10mm，被疏硬毛；植株中下部叶片阔大，缺刻较浅；上部叶片变狭小，多深裂，且叶柄缩短，叶缘锯齿状。有的品种生育后期不再发生叶片。

4. 花

黄秋葵的花为完全花,包括苞叶、萼片(花萼)、花瓣(花冠)、雄蕊和雌蕊等部分。花单生,为两性花,着生于叶腋处,花梗长 1~2cm,疏被糙硬毛;花形大,花冠直径 7~10cm;花萼 5 枚,表面有少量茸毛,在开花前合生成一体;花瓣 5 枚呈旋转状排列,浅黄色,心部紫红色,直径 5~7cm,色美,基部紫红色。开花通常自下而上,1天开 1~2 朵。温度较低时开花慢且晚,1~2 天才开 1 朵花。一般花后 3~7 天可采摘嫩果。

花芽分化过程是各花器原基的分化、发育过程,大致可划分为6 个时期,即花原基伸长、苞叶原基分化、花萼原基分化、花瓣原基分化、雄蕊分化和心皮分化。随着花的发育,萼片颜色由深绿色变浅,萼片头部由紧变松并微微张开,花冠基部变紫(图 2-2)。

图 2-2 黄秋葵的花、果、种子

开花周期 18~20 小时,一般是头天 18:00—19:00 花冠开始伸展,萼片被撑开 1 条裂缝,而不是 5 等分裂开,至第二天 8:00—

9:00达最佳开放状态。此时花冠完全张开,花柱和雄蕊管伸长达最大值,花粉从花药中散出,在开花时由于花丝的伸长,一部分花粉可自动粘到柱头上而完成授粉过程。花冠在14:00—15:00闭合时,也使花粉与柱头黏合在一起,同样可达到授粉目的。受精过程可在很短时间内完成,并刺激子房迅速生长膨大。自然授粉时杂交率极低,若未实现受精,花冠在开花后第二天就自行脱落,果实也随之黄化。

5. 果实

果实是黄秋葵的主要经济价值部分。果实为蒴果,着生于叶腋中,由下而上陆续结果,呈倒圆锥形,先端细长,直或稍弯宛如羊角,长6~10cm,有的品种可达25cm,横径2~3.5cm。果皮上有棱5~10条,果面密生茸毛,子房5~11室,每室有种子7~8粒,每果平均有种子75~85粒。果皮淡绿至浓绿或红色,绿果品种嫩果初始浓绿色,后为深绿色;红果品种嫩果初始紫褐色,后为紫红色。果实成熟后变黄,后变褐色,并沿棱角线纵裂。

6. 种子

种子近球形,大小似绿豆,直径4~6mm,嫩子白色,成熟后种皮呈灰黑色至褐色,呈桃形或肾形,壳较厚,有些品种种皮具纹,表面上被细毛,种子千粒重55~75g。种子寿命3~5年。

二、生长发育周期

1. 发芽期

从播种至2片子叶展开,需9~15天,在25~30℃的适宜温度下,播种后4~5天出苗,一般露地直播出苗需7天左右,地膜覆盖可提前2~3天出苗。

2. 幼苗期

从2片子叶展开至第1朵花开放,需40~45天。一般子叶展开至第1片真叶展需15~25天。以后大致是2~4天展开一片真叶,这一时期根系发育较快,而幼苗生长缓慢,尤其是地温低湿度大时,幼苗生长更慢。

3. 开花结果期

从第 1 朵花开放至采收结束,需 90~120 天。黄秋葵出苗后经 45~50 天,第 1 朵花便在主茎 3~5 节处开放。在昼温 28~32℃、夜温 18~20℃适温下,开花后 3~4 天即可收获嫩果。黄秋葵开花结果后生长速度加快,长势增强,尤以高温下生长更快,7 月 3 天即展开 1 片真叶,9 月 4~5 天展开 1 片真叶。在光照、温度、肥水优越的条件下,发芽期、幼苗期、开花结果期均有不同程度提前,抽叶时间间隔缩短,叶量增加主要因侧枝萌发和生长能力增强引起,使整个生长周期能够延长。

第二节　黄秋葵生长发育与环境条件

一、温度

黄秋葵属喜温作物,耐热力强,怕寒不耐霜冻,当气温 13℃、地温 15℃时,种子即可发芽,12℃以下发芽缓慢,发芽期长达 3~4 周,8℃以下停止生长,月平均气温低于 17℃,即影响开花结果。在适温条件下,种子发芽迅速、整齐,植株生长旺盛,开花多,坐果率高,果实发育快,外观端直光滑,产量高,品质好。霜降后,地上部逐渐枯死。

二、光照

黄秋葵对光照条件尤为敏感,属短日照作物,喜强光,要求光照充足,应选择向阳地块,加强通风透气,注意合理密植,以免互相遮阴,影响通风透光。在黄秋葵一生的各个生育时期,都需要保证一定的光照时间和光照强度,否则黄秋葵的生长发育便会受到影响,也就会影响果实的产量。

三、水分

黄秋葵耐干旱,也较耐涝。发芽期土壤湿度过大,易诱发幼苗立枯病。由于黄秋葵分枝多,叶片大而薄,蒸腾作用强,开花、结果多,需水量大,如果没有充足的水分供应,势必影响发育和结果。

若结果期干旱,植株长势差,品质劣。因此栽培时宜始终保持土壤湿润。黄秋葵原产于热带多雨地区,对水分要求较高,不同生育阶段对水分要求不同,开花结果之前需水量较少,结果期需水量增多,但土壤也不能过湿,若排水不良则会造成烂根。

四、土壤

黄秋葵对土壤的适应性广,不择地力,可以在各种土壤上栽培,且具有一定耐盐性,但以土层深厚、疏松肥沃、排水良好的壤土或沙壤土为宜。沙土地由于地温上升快,适宜早熟栽培,但植株生长势弱,衰弱早。在耕作层浅的黏质土中根系不易充分伸展。在养分瘠薄的土壤中栽培,果实往往品质差,产量低。不宜连作,也不宜选果菜类作物为前茬。

五、养分

黄秋葵是以嫩果为产品,对氮肥要求较高,增施氮肥可获得明显的增产效果;在生长前期以氮肥为主,中后期以磷、钾肥为主。氮、磷、钾多元素肥料配合施用比单一施磷、施氮能分化出更多的花芽,有利高产。黄秋葵易出现缺镁症状,缺镁会妨碍叶绿素的形成,使叶脉周围尤其是主脉周围变黄。

第三章 黄秋葵的种质资源与品种选择

第一节 种质资源研究与利用

　　锦葵科秋葵属植物多是花大而美丽,供观赏用亦供食用和入药。锦葵科有 50 个属约 1 000 种,分布于热带和温带,据钟惠宏等专题综述,现在的秋葵属在最初(1737 年)由 Linneaeus 命名时,只是把它归类为木槿属(*Hibiscus*)下面的一个组(Section Abelmoschus),1787 年 Medikus 提议把它由组(Section)提升到属(Genus)。但由于某些原因,后来的文献资料一直沿用旧名,直到 1924 年由 Hochreutiner 重新把黄秋葵及其近缘种定名,归为秋葵属(*Abelmoschus*),才被当时的分类学界所采纳。1966 年 Van Borssum Waalkes 在总结前人研究的基础上,把在他之前的分类学家所描述的秋葵属约 50 个种归纳为 6 个种和若干个亚种和变种。

　　1990 年 10 月由国际植物遗传资源委员会(IBPGR)主办,在印度新德里召开了国际黄秋葵遗传资源会议,各国与会专家通过对近年来大量有关黄秋葵及其近缘种的形态学和细胞遗传学研究新进展的讨论分析,在肯定 Van Borssum Waalkes 分类的基础上,对秋葵属的分类作了重要的修改,将原来的一些亚种提升为种,并增补了新发现的第 9 种 *A. caillei*,它是秋葵属中除我们熟悉的黄秋葵(咖啡黄葵)以外,第 2 个以嫩果供人们食用的一个种,Siemousma(1982)根据该种的染色体数目和形态特征,认为 *A. caillei* 可能是 *A. esculentus*(2n = 130)和 *A. manihot*(2n = 60~68)杂交的双二倍体产物,该种目前仅分布于西非和中非。

目前黄秋葵主产国和 IBPGR 已拥有 1 万份以上的种质材料，给黄秋葵及其近缘种资源的利用提供了坚实的基础，其中资源首推印度最为丰富，在秋葵属的 9 个种中，印度就有 8 个种分布于各个邦。据 IBPGR 1991 年报告，印度国家植物种质资源部保存有 1 806 份种质，其中栽培种 1 448 份，近缘野生种 358 份，印度其他育种部门还掌握 509 份。非洲科特迪瓦也具有丰富的资源，该国 Savanes 研究所(IDESSA)拥有 2 375 份种质。美国从 18 世纪中叶开始种植黄秋葵，1899 年开始从地中海地区引入资源，目前在格列芬保存了 1 688 份材料，并对其中 509 份种质进行了有关的植物学性状鉴定。其他主产国拥有黄秋葵种质的数量为：巴西 813 份，菲律宾 703 份，塞内加尔 400 份，尼日利亚 450 份，苏丹 132 份，加纳 109 份，斯里兰卡 130 份。IBPGR 于 1974—1987 年从西非和东非共搜集到秋葵属种质 1 473 份。

到目前为止，黄秋葵及其近缘种资源考察和搜集工作还在继续；某些种的起源还未定论；对种、亚种和变种之间复杂的亲缘关系和遗传多样性的研究虽然取得重要成果，但远未结束，秋葵属的分类还会随着今后的研究而进一步变得更加系统和科学。近年来，国内外普遍开展了对黄秋葵种质资源遗传多样性的研究，主要包括园艺学和农艺学性状评价、杂交组合杂种优势与基因互作的研究以及不同的栽培环境下生育特性的研究等。

Oppong-Sekyere 等对来自加纳的 25 份黄秋葵种质进行园艺学和农艺学性状评价，结果表明，从播种到第 1 花开放需 44~48 天，首花序节位和第 1 果的节位为 5~6 节，播种到 50% 出芽为 8 天，每株可结 60~145 果，未熟果颜色为绿色。外形特征分析结果表明，黄秋葵产量与其单株叶片数、分枝数、株高、开花天数、果荚数量、单果重、种子千粒重等均呈显著正相关。通过遗传变异分析加纳的黄秋葵资源的花瓣颜色、叶片茸毛和茎茸毛、果实形状、花青素含量、开花期等性状遗传变异较大。通过相关性分析表明，株高、开花天数、开花节位、单果重、种子重量与产量呈显著正相关，为新品种选育提供重要的参考依据。

Wammanda 等利用双列杂交观测产量及其构成因素的遗传变化情况,进行配合力和杂种优势分析,结果表明:黄秋葵具有明显的杂种优势,所有的性状高度变异并且很容易分离选择,经一般和特殊配合力分析表明,加性和非加性效应在基因表达中同时起作用,这对于配制杂交组合中亲本的选择具有重要的意义。

黄秋葵种质资源遗传育种多样性研究的方法,主要以分子标记法居多。2009 年张绪元等对 42 个国内外黄秋葵栽培种和野生黄葵进行 ISSR 分析,结果表明,选用 22 条引物扩增出 306 条 DNA 片段,平均每个引物可扩增出 13.9 条片段,其中多态性片段 271 条,占扩增总片段的 88.6%。利用扩增结果进行遗传距离分析,构建分子树状图,可把 42 份黄秋葵栽培种质和野生黄葵分开。同时,可将 42 份黄秋葵栽培种质材料划分为 2 个类群。

洪建基等以 60 份黄秋葵种质资源(包括自育的品系)为材料,对其重要的植物学特征和生物学特性及其变异规律进行试验分析,结果表明:①植物学特征间存在明显相关性,茎色、茎表面、叶色、果色呈同一对应关系。叶姿越直立的,其叶型多为浅裂叶或全叶,花冠中等偏小,种子形状多是圆形;反之,叶姿下垂的,叶型多为深裂叶,花冠较大,种子多为扁圆形、肾形。②生物学特性多样性丰富,存在广泛变异,其变异系数排序为:种子产量(72.51%)>果数(43.84%)>叶柄长(40.84%)>果长(36.95%)>第 1 朵花开花天数(28.22%)>叶片长度(22.69%)>叶片宽度(21.28%)>分枝数(21.05%)>株高(20.99%)>开花天数(18.14%)>出苗天数(16.96%)>生育天数(8.97%)>花瓣数(2.57%)。③生物学特性间存在明显相关性,种子产量与叶柄长度、果数、叶片长度、叶片宽度、开花天数达极显著正相关,相关系数分别为 0.53、0.49、0.46、0.39、0.3。

冯焱等对黄秋葵和红秋葵的染色体数目和气孔进行了对比研究,发现黄秋葵染色体数目为 2n = 7x = 126,红秋葵为 2n = 7x =

133;但两者的气孔形态、密度和叶绿体数均无显著差异。种质资源研究利用主要有以下几个方面。

一、新品种选育

印度、美国和日本等在大量搜集种质的基础上,通过纯系选择,变种间或种间杂交等多种育种途径,已先后育成一批受农户欢迎的优良品种,如印度的 Pusa Sawani、选育 2 号、Punjab Padmini、Parbhani Kranti;美国的 Clemson Spineless、Burgandy;日本的改良五角、绿星、五龙 1 号;我国台湾农友公司的五福、清福和南洋 3 个黄秋葵一代杂种。

印度国家植物遗传资源部从加纳引进的野生种 *A. manihot* 和 *A. tetraphyllus* 中发现了高抗黄脉花叶病毒的材料,通过与当地地方品种进行种间杂交和多次回交,将野生种的抗病基因导入到品种 Pusa Sawani 中,育成了抗病、高产、优质新品种 Parbhani Kranti。印度园艺研究所用类似的育种方法,在最近 20 年里先后育成抗黄脉花叶病毒的品系达 60 个和另外两个改良品种 Arka Anamika 和 Arka Abhay。此外,通过对种质的鉴定,从野生种中还发现了对白粉病免疫和抗虫害(如印度棉叶蝉和蚜虫)的基因,正在研究通过种间杂交和借助生物技术,将野生种抗病、抗虫基因转移到普通栽培种中。据 O. P. Dutta 报道,在用栽培种和野生种杂交的双二倍体越亲分离的后代中,出现了新的性状变异类型,在变异株的每一坐果节位上可以着生两个蒴果,从而提高了单株的结果能力。

国内黄秋葵新品种的选育,一般都是从国内外收集的优良品种或材料,经过栽培发现优良的单株,进而进行系统选育得到常规种。自 20 世纪 80 年代以来,中国农业科学院蔬菜花卉研究所从国外引进黄秋葵种质 24 份,经试种和扩繁后进国家种质基因库作中长期保存。中国热带农业科学院热带作物品种资源研究所也引进新东京 5 号、五龙 1 号、五福等品种,结合国内外收集到的野生和栽培品种进行栽培、杂交,目前已贮存了 100 余份种子材料。其他如适合浙江地区栽培的耐热保健种"JY20"的选育;适合广东地区栽培,品质优良的粤海黄秋葵的选育;适合北方露地栽培的优良品种的选育等。金敬献等通过蕾期人工去雄授粉制种,种子纯度达 99%以上,种子产量 2 250kg/hm² 左右。

随着对黄秋葵研究的深入,新品种的选育也将步步深化,一些具有相应功能的品种将会被选育出来,如利用其较高的营养价值和保健价值,开发优质高产特色品种;利用其较高的药用价值开发不同的药用品种;利用其漂亮的花、茎、叶开发观赏植物;利用其含油率高、营养价值高,开发油料品种;利用其叶黄素含量高开发饲用品种等,育种前景广阔。

二、诱导雄性不育性

黄秋葵为自交作物,但其产量及产量组成性状的杂种优势明显。印度育种家通过用 γ 射线处理黄秋葵植株诱导突变,获得了基因型雄性不育植株,该不育性由单隐性基因控制。利用育成雄性不育系生产杂交种子,与正常可育系相比,可节省 70%的时间和劳力。

三、快速繁殖技术

黄秋葵一般以种子繁殖,但由于黄秋葵的愈伤组织在一定条件下比较容易产生体细胞胚并再生成完整植株,所以早在 2002 年就有关于黄秋葵组培快繁的研究报道。近年来为保存黄秋葵杂种优势资源,满足对杂种种苗的栽培需要,快速繁殖技术的研究成为学者关注的焦点。

吴丹丹利用黄秋葵带腋芽的茎段诱导产生胚性愈伤组织,建立了高频再生体系,筛选出了黄秋葵外植体消毒灭菌的最佳处理组合;并不断筛选改造获得胚性愈伤组织用于悬浮培养,最终建立了稳定的胚性细胞悬浮体系,结果表明悬浮细胞生长与培养液的 pH 之间有联系。胚性细胞悬浮系的建立,为进行原生质体培养等奠定了基础。孙骏威等以黄秋葵无菌实生苗的带一叶一芽的茎段为外植体,研究了不同植物生长调节剂处理对丛生芽诱导和不定芽生根的影响,发现生根率和生长状况在 NAA 0.1mg/L 时表现最好。夏鸿飞等以杂交黄秋葵嫩茎为材料,成功建立了愈伤组织培养及再生体系建立的理想培养基配方,试管苗移栽成活率为93.9%,定植成活率为97.5%,定植的试管苗保持了杂种黄秋葵所有植物学性状和杂种优势。张悦等以无菌苗的叶片及茎段为外植体,建立体细胞再生体系,利用发根农杆菌 A4 浸染叶片,诱导毛状根,为成功构建遗传转化体系和研究次生代谢产物奠定了基础。

四、种子特性研究

萌发特性是种子的重要特性,打破硬实是黄秋葵种子萌发的关键。国内外对此做了较多的研究,E1 Balla M. M. A. 的研究结果指出,品种和种子成熟度对黄秋葵种子硬实率有非常显著的影响,延迟收获,硬实的比例显著增加;种子含水量与种子萌发和种子硬实率之间的相关性非常显著。据报道,在开花后 58 天收获的种子,即硬实发生最高的时候,用 18℃ 的温度培养,发芽率较高。也有报道在种植之前种子用 75℃ 热水浸种 5 分钟,可打破硬实提高发芽率。还有学者认为,用过氧化氢 0.5%、赤霉素 1g/L 处理种子或用 1mol/L 的硫酸处理 300 分钟(必须严格控制时间,防止发生腐蚀作用)也能促进种子的萌发。孟春芬等的实验结果表明,赤霉素浓度为 60mg/L 时,种子的发芽集中度最高,发芽所需时间最短。目前,有学者认为播种前进行磁处理种子,不仅能提高发芽率,且单株荚果数、单株荚果产量、单株种子数均能显著增加。

Ghadir 等探究了施肥水平和干燥方式对不同时期收获的黄秋葵种子的发芽率的影响,结论是氮的施用水平为 450mg/L,在开花后 40 天,从植株中部收获种子,将有效地降低种子硬实,提高其发芽率。B. D. Besma 对黄秋葵种子的耐盐性和热应力做了研究,结果表明,秋葵种子在 10 和 40℃ 时发芽和出苗被完全抑制,最好的发芽和出苗温度为 25℃。盐的不良影响在低温和高温更明显,在盐胁迫处理下,25℃ 淀粉储备水平较高,15℃ 和 35℃ 淀粉储备水平较低。据相关研究表明,黄秋葵耐盐性较好,能在盐胁迫小于0.8% 的轻度盐渍化环境中生长,当盐胁迫浓度超过 0.8% 时,种子的萌发将受到不良影响。

第二节　品种类型与引种选择

黄秋葵按品种断面可分为五角型、八角型和圆果型等;依果实长度可分为长果型和短果型;按株形又可分为矮株和高株两种,矮株茎高 1m 以上,高株 2m 以上;按果实颜色又可分为红果型与绿果型。目前国内主要为五角型品种,如东京五角、新东京 5 号、南洋、清福、五福、北京黄秋葵、新星五角黄秋葵、绿羊角、永福等 20 多种;八角型的有大筱、帕金斯大长角等;圆果型的主要有绿绒、绿宝石和圣拇指等。按产地来源可分三大类:第一类是日本品种,一般多呈浓绿色,如五角、五星、卡里巴等;第二类为我国台湾品种,以五福为代表,颜色浅绿,条形细长,南方人称之为翠绿;第三类为国内地方品种或新育成的品种。

黄秋葵品种的形态特征对生产有密切影响。例如植株高的节间也长,节间长的品种易为台风暴雨吹倒,并且后期采收果实不便。叶形较小且叶缘缺刻深的品种,株间透风透光好适于密植,而叶片大的容易造成株行间的郁闭不利密植。早熟品种始花节位低,分枝也较少适宜密植,而始花节位高的,则分枝也多不宜密植。从果实色泽来看,市场喜浓绿色具光泽的果实,果角数 5~10 个不等,角数愈多种子愈多,品质愈佳。果实长度以长成后 20cm 左右、中等粗细为最佳,果面要光滑,无或少有刚毛、无瘤粒为好。黄秋葵品种很多,引种选择概括起来就是好卖、好吃、好种这三条。

一要选择本地经过多年和多点试验、示范筛选出来的品种,或经本省种子管理部门审定通过的品种,以确保该品种与当地的气候、土壤有较强的适应性。

二要了解所选品种的生物学特性,要根据本地区的气候和地力条件,选择生育期适中,优质高产商品性好,抗逆性特别是抗病、抗倒伏强的品种。

三要确保所选品种的种子质量必须符合规定要求,最低保证二级标准,种子的纯度>96%、净度>96%、发芽率≥85%、含水量≤13%。

福建省东山县农业科学研究所于 1997 年从台湾省引进了 485 号黄秋葵新品种,经过 2 年多栽培及田间观察,发现该品种对土地适应性强,耐热且抗逆性好,病虫害少,产量高。浙江省三门县农业局于 2005 年引进台湾"五福"黄秋葵,经过 3 年试种,栽培面积达到 20hm² 左右,产值 10 万 ~ 12 万元/hm²。浙江省临安市农业技术推广中心于 2009 年引进日本"五星"黄秋葵并试种成功。印文彪等于 2011 年引进绿空黄秋葵试种示范,具有早熟高产、色泽碧绿、口感嫩滑、鲜美等优点,适合平湖市及相同生态区露地或设施栽培。

许如意等对引进的五福、南湘、一品、绿剑等 4 个黄秋葵品种,通过对生育期、形态特征、果实性状、产量以及抗性进行比较,结果表明以五福表现最佳。杨东星等在徐州地区对五福、新星五角、绿五星、卡里巴 4 个黄秋葵品种品比试验,结果表明:花期及采收期以绿五星最早熟,从播种至采收需 55 天,采收期 121 天为最长,比采收期最短的五福长 11 天;平均株高以新星五角 184.5cm 为最高,以五福最粗壮达 2.1cm;单株产量以五福 464.4g 为最高;果实老化五福最快,采摘时果长不能超过 11cm;耐旱性以五福最高,耐寒性均较差。杨春安等于 2014 年引进五福(对照)、红娇 1 号、南湘、纤指等 4 个黄秋葵品种进行试验,结果表明:

1. 不同品种的生育期存在差异

各品种间现蕾相差 1~2 天、开花相差 1~10 天,其中,红娇 1 号开花较早,较对照早 4 天;纤指开花最晚,较对照迟 6 天。各品种生育期(播种—始收)有差别,红娇 1 号较对照早 6 天,较纤指早 8 天。采收末期相差不大,各品种采收总天数在 110~115 天,相差 5 天(表 3-1、表 3-2)。

表 3-1　不同品种生育期比较

品种	播种期 （月/日）	出苗期 （月/日）	播种—出苗 （日）	定苗期 （月/日）	现蕾期 （月/日）	播种—现蕾 （天）
五福 CK	5/6	5/14	9	5/30	6/8	34
红娇 1 号	5/6	5/14	9	5/30	6/7	33
南湘	5/6	5/14	9	5/30	6/9	35
纤指	5/6	5/14	9	5/30	6/9	35

表 3-2　不同品种生育期比较

品种	开花期 （月/日）	播种—开花 （日）	始收期 （月/日）	采收末期 （月/日）	生育期 （天）
五福 CK	6/23	49	7/1	10/13	57
红娇 1 号	6/19	45	6/25	10/13	51
南湘	6/24	50	6/28	10/16	54
纤指	6/29	55	7/3	10/18	59

2. 不同品种形态特征存在差异

各品种株高差异大,纤指最高为 1.96m,比对照高 1.0m,红娇 1 号比对照(五福)高 0.5m。对于茎粗,以对照五福最粗为 10.6cm。五福的叶形为掌状深裂五角形,花色为黄色;红娇 1 号的叶形为掌状浅裂五角形,花色为红色;南湘和纤指为掌状全裂五角形,花色为黄色(表 3-3)。

表 3-3　不同品种主要形态特征比较

品种	株高（m）	茎粗（cm）	叶形	叶片颜色	花色
五福 CK	92.9	10.6	掌状深裂、五角形	深绿色	黄色
红娇 1 号	138.8	9.2	掌状浅裂、五角形	红　色	红色
南湘	121.6	9.5	掌状全裂、五角形	浅绿色	黄色
纤指	195.6	9.6	掌状全裂、五角形	浅绿色	黄色

3. 不同品种果实性状比较

鲜果横径以对照五福最宽,为 4.34cm,分别比红娇 1 号和纤指的横径宽 2.05cm 和 2.48cm。鲜果纵径以纤指最长为16.13cm,分别比红娇 1 号和五福的纵径长 3.26cm 和 4.5cm。鲜果日增长量以纤指最快,为 2.77cm/天。单果平均总种子数、每棱种子数、实粒率及千粒重均以对照五福最多,分别为 92.9 粒、12.5粒、97.9% 及 69.7g。对照五福的果形粗短,种子数多,而纤指果形细长,种子数少(表 3-4、表 3-5)。

表 3-4　不同品种鲜果性状比较

品种	鲜果横径 (cm)	鲜果纵径 (cm)	鲜果日增长量 (cm/d)	鲜果外观
五福 CK	4.34	11.63	1.26	柔滑,果色翠绿, 7~9 棱,果形粗短
红娇 1 号	2.29	12.87	1.44	果色鲜红,7~9 棱, 果形长
南湘	2.25	12.38	1.34	果色深绿,7~9 棱, 果形长
纤指	1.86	16.13	2.77	果色浅绿,5~7 棱, 果形细长

表 3-5　不同品种干果考种比较

品种	横径 (cm)	纵径 (cm)	单果总种 子数(粒)	每棱种 子数(粒)	实粒率 (%)	千粒重 (g)
五福 CK	4.3	12.3	92.9	12.5	97.9	69.7
红娇 1 号	3.5	20.4	60.2	9.5	97.4	69.1
南湘	3.1	18.6	66.7	9.5	89.4	68.5
纤指	2.2	19.3	59.4	11.0	72.4	68.8

4. 不同品种产量比较

单果鲜重以对照五福最大为 36.1g,分别比红娇 1 号和纤指重 20.2g 和 12.3g。单株结果数以纤指最多为 37.4 个,当每亩栽培株数一致时,产量主要由单果重和单株结果数决定。折合每亩产量以纤指最高为 1 445.5kg,比对照五福增产 19.83%(表 3-6)。

表 3-6　不同品种鲜果产量

品种	单果重（g）	单株结果数（个）	小区实收产量(kg)	折亩产量（kg）	较 CK 增产（%）
五福 CK	36.1	22.4	48.26	1 206.3	—
红娇 1 号	15.9	27.7	38.14	953.5	—
南湘	15.8	23.4	30.04	751.0	—
纤指	23.8	37.4	57.82	1 445.5	19.83

5. 不同品种抗性比较

在本试验过程中,7 月 4、5 日暴雨,8 月 7、8 日受台风影响,8 月 17、18 日暴雨,9 月下旬暴雨。五福和红娇 1 号抗倒伏能力较强,各品种的抗虫性(主要是斜纹夜蛾)均较弱,耐涝性和抗病性均弱(表 3-7)。

表 3-7　不同品种抗性比较

品种	抗倒伏	抗热性	耐涝性	抗虫性（斜纹夜蛾）	抗病性
五福 CK	强	强	弱	弱	弱
红娇 1 号	强	较强	强	较弱	较强
南湘	较强	强	较强	较弱	较强
纤指	较强	较强	强	较弱	强

第三节　主要栽培品种

一、绿荚品种

1. 新东京五号

日本品种。株形直立,高约 1.5m,茎部木质化,叶互生,掌状 3~5 裂,叶柄较长,中空有刚毛。植株下部叶片较宽,上部较细,侧枝较多。其花从枝间长出,当主枝长到第 4、5 节时开始开花,每节可开 1 朵。侧枝也可开花结果。花为完全花,直径约 10cm,每花有 5 瓣,黄色,基部暗红色,相当美观。果实长约 20cm,有 5 个心室,种子数量不多。果色深绿有光泽,质地较嫩,纤维较少,富有清香味,口味好,亩产为 1 500~2 000kg。

2. 五龙一号

日本品种。与"新东京五号"相似,植株较矮约 1m 左右,果实呈五角形,果色深绿,种子较少,品质优良。全生育期 150~170 天,而采果期占 100 天左右。亩产为 1 500~2 000kg。

3. 绿星

原产日本。株高 1.4m,茎粗叶大,叶缺刻较浅,以主茎结果为主,第 6~8 叶始花,果实 6~9 室,外观 6~9 棱,采收期长,产量高品质好。

4. 绿闪

日本泷井公司杂交一代品种,极早生,畸形果少,市场性佳。节间短,分枝性中强,坐果整齐均匀。果色极浓绿(黑绿)有光泽,纵切面为五角星形。耐热耐寒性佳,坐果多,产量高。栽培要点:结果节位低,初期产量多,在第 1~2 果收获后及时施肥。生育初期注意避免过湿,预防立枯病发生。

5. 爱丽五角

日本泷井公司杂交一代极早熟品种,口味佳。颜色浓绿且有光泽,果形状好,光滑顺直,弯曲果少,成品率高。生长旺盛,节间短,叶片中小,适合密植,坐果多,产量高。结果节位低,初期产量多,在第 1~2 果收获后及时施肥。生育初期注意避免过湿,预防立枯病发生。

6. 卡里巴

从日本引入。株高 1.5m 左右,茎绿色,叶掌状五裂,节位短,叶柄长,果色浓绿,先端尖,横断面五角形,荚长 10cm、横径 1.5~2cm 采收,第五节起每节坐果 1 个,适合密植,丰产性佳,春季露地一般在低温 15℃ 以上播种。

7. 绿五星

从日本引进。该品种早熟,叶形较小,缺刻深,通风透光性好,果实为五角形,在高温期(30~35℃ 条件下)播种,着果节位在第 7~8 节起;在低温(20℃ 左右)的条件下播种,开花节位在第 4 节,果色浓绿,荚果老化晚,生长不分叉或者分叉很少,适合密植,丰产性佳,播种至采收 55~58 天。

8. 新星五角

从日本引入。早熟,株高 1.5~2.0m,分枝性强,主、侧枝结果力强,果色特浓绿(高温期淡绿色)、弯果少,前期产量较高,亩产约 2 500kg。

9. 早熟五角

极早生,荚色浓绿,五角分明,很少出现残果、曲果,良果率高;矮株,节间距短,中小叶,主枝着荚,低节位着荚数量多;抗倒伏,宜密植,产量高,易采收,极其适宜温室栽培。温室栽培一般于 9 月播种,12 月至翌年 6 月收获;露地栽培于 3—4 月播种,5—10 月收获。

10. 绿宝石

圆形品种,果荚长 15cm,翠绿色;果荚质地软食味佳,即便采期延后也不会木质化;植株长势和吸肥力中强,产量较高。露地栽培于 3 月中下旬播种,6—10 月收获。

11. 绿空

日本引进的杂交一代品种。植物长势旺盛,株高可达 1.5~1.8m,果实不褪色,采收期长。果实棱角清晰,果形整齐,浓绿色。从低节位开始着果,连续坐果性强,产品率高。收获适期:嫩荚长 7~10cm,果径 1.7cm 为宜。风味好,商品性佳。经试种示范,具有早熟高产、色泽碧绿、口感嫩滑、鲜美等优点,适宜大棚、露地栽培的早熟高产品种。

12. 台湾 485 号

从我国台湾引进。单叶互生,掌状裂叶,茎叶粗壮,株高 1.4~1.6m,当植株长到 7 片真叶时开花,除底部 2 片真叶外,每个叶腋都有花芽,花两性,雌雄同花,呈浅黄色;荚果绿色,形似牛角椒,有五个棱角,每个棱角为一室,每室有 5~15 粒籽,形似绿豆,未成熟时呈乳白色;成熟时深灰色,全生育期 195~220 天,播种至采收 55 天左右,采收期 138~148 天,每株可采收 80~100 个嫩荚,亩产量为 2 580~3 000kg。该品种喜温,耐热,耐旱,但不耐低温,生长适宜温度为 25~30℃,如气温低于 15℃ 时,会出现明显的抑制现象;对土壤要求不严,适应性广。

13. 五福

我国台湾的农友种苗有限公司育成。该品种喜温暖强光,耐热力强,不耐霜冻,耐旱。植株高度 1.5m 左右,主枝、侧枝均可结果,果实翠绿,果面光滑,五角型,叶片细裂。主枝第五节位开始结果。花大而黄,着生于叶腋;主根浅,侧根、须根发达;嫩茎绿色、老茎灰绿色;基部节间较短,有 4~6 个分生侧枝;叶掌状 5 裂,叶柄长而中空,带有茸毛;花瓣黄色,近花托处有紫斑,花径 5~7cm,着生于叶腋;始花第 7~9 节,每节着生 1 朵花,偶有间隔;果为蒴果,每蒴种子数 70~95 粒;果形为五角形,偶有六角形,似羊角;嫩荚绿色,覆有细密白色茸毛,嫩果黏液丰富,口感脆嫩,品质好;熟果成褐色,平均长 22.3cm、粗 3.75cm。

14. 赛瑞特

拜耳纽内姆早熟品种,从印度引进的杂交一代黄秋葵,植株粗壮,中等高。分杈能力强。叶片五裂掌状,荚果五角细长,果色翠绿有光泽,品质佳,商品性好。从播种到初收 50 天左右,采收期长,建议亩栽培 3 000 株左右。

15. 赛奈尔

拜尔作物公司印度育种杂交一代黄秋葵,植株粗壮,中等高;分杈能力强,叶片五裂掌状;荚果五角,果色翠绿有光泽;品质佳,商品性好;早熟,播种到初收 45 天左右,采收期长;每亩建议种植 2 800~3 200 株。可以进行直播,单粒播种亩用种量 250~300 克,也可以育苗移栽,因为进口种子价格比较贵,建议育苗移栽。播种时间根据当地气候决定,长江流域建议 3 月 20 号左右进行播种。

16. 妇人指

原产美国,为无限生长型,株高 1m 左右,生长繁茂,分枝多,主侧茎都能结果,中熟。第六至八叶始花,果实 5~6 室,细长似手指,品质好。

17. 长果绿

原产美国,为有限生长类,株高 70cm,长势中等,分枝较多,主茎和侧枝均结果,早熟,主茎第五至七叶始花,以后陆续开花结果,采收期较短,果型细长,品质较好。

18. 深红无毛多角秋葵

六角或八角品种,是五角品种的变异种,栽培适应性强,产量高;果荚长 8cm,肥大,淡绿色;荚果质地好,食味佳;株高较高,为早中熟品种。露地栽培于 4 月末播种,7 月初至 10 月中旬收获。

19. 绿盐

五角品种,棱角分明,商品性极好;果荚深绿色,荚果质地柔软,食味极佳;很少出现残果、曲果,果实极少出现花青色,良果率极高;耐暑、耐寒性强,植株长势和吸肥力一般,分枝少,叶小,适宜温室栽培。露地栽培于 5 月初播种,7 月初至 10 月中旬收获;温室栽培于 2 月中旬播种,5—8 月收获。

20. 绿箭

极早熟品种,产量高,果荚浓绿色;很少出现残果、曲果,良果率高;株高中等,节间距一般,中叶;植株长势和吸肥力较强,分枝较多。温室栽培于 9 月播种,12 月至翌年 6 月收获;露地栽培于3—4 月播种,5—10 月收获。

21. 优质五角

极早熟品种,产量高;果荚棱角分明,翠绿;株矮,叶小,适合温室密植栽培;分枝力旺盛,剪枝后侧枝发生力强。温室栽培于 9 月播种,12 月至翌年 6 月收获;露地栽培于3—4 月播种,5—10 月收获。

22. 苏秋葵 1 号

原名盐秋葵116,由江苏沿海地区农业科学研究所与江苏省盐土生物资源研究重点实验室共同育成。该品种熟期中等。出苗整齐,长势好,整齐度较好,植株高。生育期 143.8 天,采收期73.0 天,株高 142.1cm,单株结荚 37.5 个。茎秆绿色,粗壮,茸毛很少。叶片中等大小,叶色绿,缺刻较深。叶柄绿色,后期呈现淡紫红色,茸毛多。花后 4 天嫩荚五角形,单荚质量 9.6 g,荚长7.3cm,颜色绿,适口性好。花朵 5 瓣,花瓣乳黄色,基部有中等大小紫红斑。花药乳黄色,柱头紫红色,柱头略高于雄蕊。种子百粒重5.4g。花后4~5 天嫩荚亩产量 1 002.2kg。2013 年参加江苏省新品种鉴定试验,4 个试点试验结果表明,比对照新东京五角增产8.8%,居参试品种第 1 位。适宜江苏省沿海地区种植。

23. 黄丰 1 号

扬州大学农学院园艺系选出。植株矮小,株高 1.2~1.5m,全株绿色,叶柄及主叶脉见光呈淡紫色,叶大,掌状五裂,但裂刻较浅。主茎直立,无分枝,茎秆粗壮,节间短而密,仅 3~5cm。茎上第3~4节就可开花结果,连续开花结果至45~55 节。花后 5 天可采嫩果,嫩果长 13~17cm、重 20~30g。每亩栽植密度 1 800~

2 000株,露田4月上中旬直播,育苗移栽可适当提早,也可大棚和日光温室栽培。由于单株结果多,果实发育快,应施足底肥,开花结果期勤施追肥。

24. 粤海

广州市农业科学研究所采用系统选育的方法选育而成。该品种为半矮秆型,株高73.9cm,早熟,始花节位6.2节,叶片长35.1cm,嫩果5棱,果面柔滑无刚毛,果色翠绿,果长约11cm,单果重约11g,种子千粒重65.6g。维生素C含量为1 076mg/kg、还原糖含量为3.60%、有机酸含量为0.023%。广州地区适播期为3—9月,最适播期为3月和7月,每亩种植1 800株左右,产量1 318kg,比五福黄秋葵增产13.6%,差异极显著。

25. 纤指

浙江省农业科学院蔬菜所选育。丰产性好,品质优。植株直立高大,直根系。适应性强,耐热、耐旱、耐湿。喜温暖,不耐低温、霜冻。抗倒伏能力较强,耐病虫。平均株高260cm,茎粗4cm,节间长为4.5cm,分枝少。叶为掌状5裂(深裂),互生,绿色,叶面有硬毛。叶柄长45cm,叶长38cm,叶宽34cm。第8节开始着花。花为大型完全花,单生于叶腋处,萼片为绿色,花瓣为淡黄色,花基部为紫红色。蒴果为无棱果,绿色,长角形。老熟果果柄长为3.5cm,果长为20cm,果径为2cm。果面覆有细密白色茸毛,果实成熟后木质化。花后5~6天,长度在8~9cm时采收,鲜食品质和营养成分最好。单株结果数为约50个,平均单果重为29g。种子球形,灰绿色至褐色,表面被细毛,千粒重约55g。4月初播种至鲜果采收约70天,采收期130天左右。

26. 甬葵1号

浙江省宁波市农业科学研究院蔬菜所选育,该品种植株直立,直根系,平均株高135cm,开展度90cm,叶呈五裂掌状深裂,绿色,花大而黄,始花节位在第3~5节。该品种蒴果,倒圆锥形,如羊角,平均果长10cm,宽1.6cm,单果重15g,先端尖,横断面呈五角形,皮色绿,品质好。其适应性强、耐热、耐旱、耐湿,喜温暖,不耐低温、霜冻。其要求光照充足,抗倒伏能力强,耐病虫。丰产性好,一般亩产 3 000kg。

27. 福农 1 号

2013 年福建农林大学选育。迟熟品种,一般 3—4 月播种,全生育期 150 天左右;株高 1.6m 左右,直根系,入土深,茎直立呈圆柱形;上叶互生,掌状边缘有不规则锯齿;主茎第 3 节以上除了着生侧枝外,每节均生 1~2 朵小花,两性花;果实为蒴果,顶端尖细,似羊角,有 10 个棱角,成熟后果长 13cm、横径 2.0~3.5cm,果实表面密生茸毛。2014 年参加安徽省非主要农作物品种区域试验,平均每亩 产量 2 950kg,比对照品种增产 10.33%。2014 年通过安徽省蔬菜品种认定。表现丰产性好、适应性广、经济效益显著。

28. 川秋葵 1 号

四川省植物工程研究院选育的新品种。该品种株高 1.5~2.0m,始花节位为 4~5 节,节间短,挂果紧密,嫩果五棱,果色深绿,果长 10~15cm,单果重 15~20g。四川地区适播期为 4—7 月,最适播期为 5 月和 6 月,每亩种植 2 000 株左右,产量高,抗倒伏,抗病性强,适应四川省各地种植。

29. 美洲 1 号

广东省农业科学院作物研究所于 2007 年从多米尼克引进的新品种。晚熟品种,现蕾期、始花期与采收期比其他品种要晚许多。采收期可延期至 10 月底 11 月初,而国内其他品种一般只能维持到 9 月至 10 月初期,因此能在市场上获得时间差上的价格优势。单果重为 78g 左右,而一般品种最重的也只有 30g 左右,单株产量也超过其他品种,在产量上也占有一定优势。

30. 一品五角

山东莱阳一品蔬菜开发中心选育。植株高度 1.5~2.0m,茎圆柱形。叶片绿色,果长 10~20cm,果实浓绿,五角型,以主茎结果为主,第 5~7 片叶腋出现第一朵花,从播种到收获 50~60 天,采收期 110~130 天,每亩产量 3 500kg 左右。

31. 闽秋葵 1 号

福建省农业科学院亚热带农业研究所及作物研究所以东园 2 号为母本,以 gz136-1 为父本杂交育成。全生育期 250 天左右,始花节位为第 6~7 节,春植从定植到始收 30 天左右。株高 1.5~2.0m,植株直立,茎绿色,叶掌状五裂、绿色、齿状,花淡黄色。果实绿色、五棱,果长 13cm 左右,横径 1.8cm 左右,果肉厚 0.2cm 左右,单果鲜质量 15g 左右。种子近圆形、灰黑色。每亩平均嫩果产量 2 614.2kg,适宜在福建省全省范围内种植。

32. 碧剑

江苏里下河地区农业科学研究所选育。植株直立,株高在 180cm 左右。叶片互生,单叶、掌状五裂、绿色,叶面有刺毛。第 6~7 节开始着花。花为大型完全花,花径 5~8cm,每叶腋着生 1 朵花,花萼为绿色,花瓣为淡黄色,花瓣基部和柱头血红色,5 片花瓣覆瓦状重叠。荚果绿色、羊角形,长 15~20cm,有 5~8 条棱。果面覆有细密白色茸毛,果实成熟后纤维木质化,不可食用。开花后 4~7 天,长度在 8~9cm 时采收。单株结果数为 40~50 个,平均商品果重为 15g。种子圆球形,灰绿色至褐色,表面有细毛,千粒重约 60g。该品种适应性强,耐热、耐旱、耐湿,不耐低温、霜冻。种子发芽温度 10~35℃,以 25~30℃ 最适。生长发育适温为 25~28℃。对土壤的适应性强,黏土或沙壤土上均能生长。茎秆木质化程度较高,抗倒伏能力强。病害较少,有少量蚜虫、棉铃虫为害。丰产性好,品质优,适口性好,一般亩产量可达 1 500~2 000kg。

33. 石秋葵 1 号

石家庄市农林科学研究院从"纤指"中系统选育出的新品种。植株生长势强,株高 160~200cm,始花节位 5~6 节,连续坐果能力强;嫩果无棱,绿色,长 12~16cm,横径 2.0cm,平均单果质量 25g;嫩果无棱,绿色,口感脆嫩,纤维少,商品性状优良;抗逆性强,丰产性好,每亩产量为 2 000kg 以上,适合北方地区露地栽培。

34. 中葵2号

中国农业科学院麻类研究所用Q015(来源于秋葵1号)与地方品种萍乡2号杂交选育而成。该品种全生育期140~150天,属晚熟类型。株型紧凑,株高1.3~1.5m,节间4.2~5.7cm,主茎直立、少分枝,叶互生、掌状深裂、有茸毛,叶色黄绿,叶缘钝齿,叶柄细长;主茎5~6节现始花,花单生于叶腋间,两性、黄色艳丽,花瓣5瓣,花蕊紫红色;蒴果长棒状,前端尖细,略有弯曲,果荚六角型、绿色,商品果长20.6cm、果粗2.4cm,单果鲜重41.8g,单株蒴果数35~40个。成熟种子圆球形,灰褐色,百粒重7.1g,饱满有光泽。2013—2014年在湖南和安徽省品系比较试验和多点试验中表现突出,单株果数多,鲜嫩果采摘期较长、口感好,抗病、抗倒性强,表现稳定,一致性好,鲜嫩果平均亩产3 058.3 kg,比对照增产10.4%,增产显著。经过多年多点区域示范种植均表现较好的丰产性、适应性和抗逆性,适应长江流域、黄淮海流域和华南等省(区)种植。

二、红荚品种

35. 红秋葵

原产美国东南部。株高1~3m,茎带白霜,无毛。叶掌状5裂,裂片狭披针形,长6~14cm,宽6~15mm,先端锐尖,基部楔形,边缘具疏齿,两面均平滑无毛;叶柄长5~10cm,平滑无毛。花单生于枝端叶腋间,花梗长5~8cm,平滑无毛,微带白霜;小苞片12,线形,长约2.5cm,宽1~2mm,平滑无毛,基部微合生;萼大,叶状,钟形,直径3~4cm,长约4cm,裂片5,卵圆状披针形,平滑无毛,基部1/3处合生;花瓣玫瑰红至洋红色,倒卵形,长7~8cm,宽3~4cm,外面疏被柔毛;雄蕊柱长约7cm;花期8月;花柱枝5,被柔毛。蒴果圆锥形,无毛,五角,长12cm。直径约2cm,端具短喙。

36. 红娇一号

山东莱阳一品蔬菜开发中心引进繁育,属红秋葵类型。果荚红色,品质细致,植株生育强健,叶形中等,缺刻中深,叶与茎稍红绿色,高温期(约30℃)播种时,开花节位在第6~7节;低温期(约15~20℃)播种时,开花节位在第4节,果重约14g,果长9~10cm,果宽1.6~1.8cm,果实5角型,红色美艳,品质甜细,播种至采收52~55天采收。该品种喜温暖强光,耐热力强,不耐霜冻,耐旱。适合露地栽培,长江流域在4月上旬至8月均可以播种。

37. 殷红秋葵

果荚殷红色,加热后颜色变绿;果荚长约8cm,横断面呈五角形,果荚质地柔软,极少出现残果;茎、叶、花均为殷红色,极具观赏价值;植株长势旺盛,易栽培,最适合家庭庭院种植。露地于3月中旬播种,6—10月收获。

38. 小露丝

美国引进,株型紧凑,红荚棱果。株高1~1.3m,商品嫩果长10~12cm,节间极短,生长期内,茎秆、叶柄及叶片背面布满因分泌胶质而成的透明小颗粒。由于植株矮小,大田宜密植,色彩艳丽,适合作为盆栽,观赏与食用兼顾。

39. 丹指

浙江省农业科学院蔬菜研究所引选,丰产性较好,品质优。红叶红茎,叶为掌状深裂,株高中等,荚果为有棱果,一般为5棱或多棱。商品嫩果长10~12cm,该品种喜温暖强光,耐热力强,不耐霜冻,耐旱,每亩产量2 000kg左右。

40. 闽秋葵2号

福建省农业科学院以洛江1号×莆田1号杂交选育。全生育期235天左右,叶脉红色,侧枝多,产量高,较耐寒,果实光亮无刚毛,且不易老化。始花节位5~6节,春植从定植到始收30天。株高1.6m,植株直立,茎红色,叶掌状五裂、绿色、齿状,花淡黄色,果淡紫红色、6~9棱,果长19cm,果径1.8cm,肉厚0.2cm,单果鲜重25g,种子近圆形、灰黑色。每100g干样含蛋白质18.7g、粗纤维9.0g、钾2.1g、钙646mg、镁346mg、铁3.2mg、锌0.47mg,每100g鲜样含维生素C 14.8mg。每亩嫩果产量3191.1kg,比对照"东园

2 号"增产 46.38%。适宜福建省种植。

41. 红秋葵 102

山东省农业科学院特色经济作物研究中心、济南邦地生物工程有限公司,以肜星和凤鸣套袋自交系统选育出母本 R102 和父本 S102 杂交而成。全生育期 130 天,根系发达,直根性,株型紧凑,主茎直立,茎紫红色;矮秆,株高 150cm 左右;叶深绿色,掌状五裂,互生,深裂;花大,黄中带紫,底端紫色,着生于叶腋;果为蒴果,羊角形,5 角,紫红色,有光泽,形似羊角;单株结果 35 个左右,适果期果长 10cm,10cm 单果重 16g 左右,单果种子数 45 粒,种指 6.5g,有少量刚毛。2014—2015 年在山东济南、莘县、曹县、莱阳和苍山 5 地试验,10cm 嫩荚平均产量比红星 130（对照）平均增产 10.22%。

42. 红玉

石家庄市农林科学研究院从紫晶中经过 6 代连续自交选育而成。茎秆、叶脉和嫩果均为红色,植株生长势强,抗逆性强,平均株高 150cm,开展度 68.5cm,始花节位为第 5～6 节。嫩果长 14.5cm,横径 2.0cm,平均单果质量 22.5g;口感脆嫩,纤维少,商品性好。丰产性好,每亩产量 2 000kg 以上。田间抗病毒病、疫病能力强于对照红娇 1 号,适合山东、河北、河南等地露地栽培。

第四章　黄秋葵播种育苗

第一节　播种前准备

一、选地与整地

应选择地势平坦、水源充足、排灌方便、耕层深厚、土壤团粒结构适宜、理化性状良好、肥力适中的壤土或沙壤土种植。前作为根菜类、叶菜类作物,不宜与果菜类接茬,以免产生根结线虫。育苗区域的空气环境质量、土壤农药残留和重金属含量等应符合国家规定标准。

结合翻耕整地,彻底清除地块上的杂草、碎石,施足基肥。基肥也叫底肥,一般在黄秋葵播种或移植前施用。作基肥的大多是迟效性的肥料,如厩肥、堆肥、家畜粪等,化学磷肥和钾肥一般也作基肥施用。基肥通常在播种前施在耕作层,耕翻耙平,确保肥料与土壤充分混合,或分穴施入基肥,再用泥土覆盖,达到地平土松。

二、苗床准备

(一)露地育苗苗床

露地育苗是黄秋葵生产中常用的一种育苗方式。在气温适宜或基本适宜的季节,不用保护设施,成本低廉,管理方便。

1. 床址选择

露地育苗与保护地育苗一样,除应具备肥沃、疏松、保水保肥、透气性好、无病虫草等条件外,尤其应强调选择地势高燥、向阳、排水好、灌溉方便的地块,土壤以沙质壤土为宜。这是因为露地育苗多在高温多雨季节进行,排涝是首要考虑的问题。

2. 苗床构筑

作为苗床的地块,应于播种前半个月耕翻晒白,以改善土壤理化性状与减少病虫源。播种前几天施足底肥,每亩可施用腐熟堆肥 1 500~2 000kg(或商品有机肥 500~600kg),加过磷酸钙 25~30kg、硫酸钾 10~15kg,或三元复合肥 30~40kg,采用撒施或穴施,一边将肥料翻入土中,使土肥充分混匀,一边打碎土块,并仔细翻松畦面(深度 5~8cm)。施完底肥便可开沟作畦,一般畦宽 1.2m、沟深 25~30cm。对苗床的走向没有严格要求,只要有利排水,便于操作即可。播种前宜进行一次床土消毒。

(二)保护地育苗苗床

保护地育苗是在设施中设置苗床进行育苗。根据有无加温设备,又分为冷床与温床育苗两大类:

1. 冷床

吸收太阳辐射能并加以保温的苗床,没有加温设备。在华北地区主要是半地下式阳畦和地上式改良阳畦,而在长江流域则多为地上式或半地下式冷床和塑料拱棚冷床。长江流域常见的有单斜面冷床和塑料拱棚冷床,单斜面冷床由床框、盖窗(透明)、草帘、晒席(不透明)、风障(围子)构成,塑料拱棚冷床是浙江各地较常见的一种冷床模式,成本低廉,构筑方便,保温性能好(与玻璃结构相似),而且塑料薄膜比玻璃能透过更多的紫外线。

近年来各地在大棚内再设小棚,或中棚内再设小棚以增强保温效果,在晴天条件下,一般小棚内气温比露地高 8~11℃,地温高 3~5℃。

2. 温床

具有加温条件的苗床统称为温床。温床的结构与冷床相似,按加温能源不同,又可分为酿热、电热、火热、水热温床等。酿热温床在四川西部尤其是成都一带应用较广,它是利用新鲜有机物质与人畜粪等酿热物,通过微生物发酵产生的热能进行加温,由于酿热物取材方便、低廉,因此是农家育苗中常见的温床形式。浙江等沿海地区现在应用较为普遍的是电热温床,主要设备是电加热线和控温仪,附属设备是开关、导线,应用功率较大时外加交流接触器。

电加温线是电热温床最基本的电气设备,给土壤加温的通称电加温线,采用聚氯乙烯或聚乙烯注塑;给空气加温的叫空气加温线,选用耐高温的聚氯乙烯或聚四氟乙烯注塑。电加温线的绝缘厚度在 0.7~0.95mm,比普通导线厚 2~3 倍,它考虑到了土壤中大量水酸碱盐等导电介质、散热面积、虫咬和小圆弧转弯处易损坏的特点。电热丝采用低电阻系数的合金材料,为防止折断,除 400 瓦以下电加温线外,其他产品现都用多股电热丝。电热丝与导线的接头采用高频热压工艺,电加温线两头一般有 2m 长导线,并与电加温线颜色不同以示区别。电加温线在设计制造时特别注意到了使用安全,它的绝缘电阻 $1×10^9 ~ 5.5×10^{10}\Omega/m$,接头击穿电压在 15 000V 以上,电加温线部分在 25 000V 以上。所以在 220V 电压工作时,按规定应用是绝对安全的。

控温仪是电热温床用以自动控制温度的仪器,它能自动控制电源的通断以达到控制温度的作用。使用控温仪可以节电约1/3,可使温度不超过作物的适温范围。控温仪在使用时应放在干燥通风的地方,感温头的金属头部应插在温床土壤里,假如线不够长,可以居中剪断加长,但最长不得超过 100m。

交流接触器是在电加温线功率大于控温仪的允许负载时,应外加交流接触器,以免烧毁控温仪。交流接触器的线圈电压有 220V 和 380V 两种,一般用 220V 的较适宜。安装交流接触器时应注意安全,由于它的触点裸露,通断时打火花,既要防触电,又要防火。

电热温床的电源接在自家照明的电度表后,如不超负荷,不需另装电度表,其他情况应安装电度表。导线的选定要根据负载电流的大小,选择相应的截面面积,还要考虑以后负载是否增加。

三、配制营养土

1. 营养土配制要因地制宜

就地取材,禁用菜园土来替代,否则易造成秧苗死苗、僵苗以及苗期病害的发生;田土以肥沃的大田沙壤土为好,同时3年内没有种过根菜类、叶菜类、果菜类蔬菜,或玉米田里没有打过除草剂的田土。一定要经过晒干及过筛后,再将田土、草炭等按比例混拌。

配制所用的有机肥,必须要充分腐熟,避免生粪引起秧苗烧根或将粪肥中的腐生线虫、地蛆等地下害虫带入育苗土内;营养土过酸要加入石灰或草木灰,过碱加酸类物质进行中和;配好后营养土要用药剂"毒土"进行消毒,以防治苗期病害。

2. 配制育苗营养土

必须要富含一定量的有机质,才能保证苗期对营养的需求。一般有机质含量要在17%左右,全氮含量控制在0.8%上下,速效氮含量大于60~100mg/kg,速效磷含量大于100~150mg/kg,速效钾含量大于100mg/kg,土壤pH值控制在6.0~6.8。

3. 营养土配方

方案一:田土:腐熟草炭:草木灰:有机肥=40%~50%:30%~40%:10%:10%~20%,此外还须加入0.5%过磷酸钙浸出液。方案二:田土:腐熟草炭:有机肥=40%~50%:30%~40%:20%,此外每立方米营养土中加入三元复合肥1kg左右。方案三:2~3份草炭和1份蛭石混合后作为基质,按每方基质加入1.2kg尿素和1.2kg磷酸二氢钾,或加入N、P、K(15:15:15)三元复合肥2.0~2.5kg,这种基质前期出苗比较整齐,后期管理中应注意叶面喷肥。方案四:用草炭、蛭石、珍珠岩按2:1:1混合作为基质,按每方基质加入1kg尿素和1kg磷酸二氢钾,再加入15~20kg腐熟鸡粪,该基质一般育苗前期不会造成烧苗,但后期注意叶面喷肥。方案五:草炭:珍珠岩=3:1,配制基质时每立方米基质可以加入三元复合肥1kg左右,基质与肥料混合拌匀后装盘播种。

4."毒土"配制

(1)杀菌毒土。①五代合剂消毒,即用等量的五氯硝基苯和代森锌的混合物,按每平方米播种床用7~8g,与15kg细土均匀混合成毒土后使用,播种前将1/3的药土撒在床上作为垫土,将种子播在上面,将余下2/3药土作为覆土盖在种子上,可以有效防治苗期猝倒病;②用70%敌克松药粉0.5kg拌细土20kg,用量按每平方米加药粉5g计算,混匀后撒在营养土表面,播种后按常规盖土,可防治苗期猝倒病、立枯病等病害;③在播种前把盖种子的土壤和金雷多米尔均匀混合,用量为每平方米加入金雷多米尔6g。然后将1/3毒土铺到苗床上,剩余的2/3药土均匀地盖到种子上,防治苗期病害效果也很显著。

(2)杀虫毒土。①在苗床填营养土前,每平方米用2.5%敌百虫粉5g加细土0.6~1kg撒入苗床,用以防治蝼蛄、蚯蚓和鼠害;②用50%敌百虫可湿性粉剂10g,先用少量水将敌百虫化开,然后与0.5kg炒香的玉米面或麦麸等拌匀制成毒饵。以小堆形式散落在播种床或移苗床或营养钵表面上诱杀害虫。

四、育苗容器制备

(一)营养土块制作

制作营养土块主要有三种方法:一是手工切块,二是方格压制或浇注,三是机械制作。

1. 手工切块

选择栽植大田附近背风向阳、排灌方便的土壤作苗床。育苗前将土壤翻耕13~17cm深,然后拾尽草根、石砾,再将土地整细整平,做成1.2~1.5m宽的苗床,并在两苗床间留走道30~50cm。同时,在床土中加入腐熟、过筛的优质堆肥、厩肥和适量速效磷肥,整细拌匀,泼水至表层浸透后,用锄或齿耙轻拌,使1~1.3cm深的土层稍现泥浆为止,然后将床面收浆紧皮,泥不粘刀时,随即用划格器(或刀、锹等)划成5~8cm见方的营养块,划口深3~5cm。每块中央挖一直径约 2.5cm、深 4.5cm 的种植孔,让其自行干燥后备用。

2. 方格压制或浇注

有的地方在用营养土育苗时,播种前先将营养土平铺在苗床上,然后用窄木条在浇过水的营养土上纵横压 10~12cm 见方的方格。趁水将渗完时立即用薄板刀切割,并随即用木棒或其他工具在土块中央挖一种植穴,然后播种。也可在育成的幼苗移苗前 6~7 天,浇透水后再切成小方土块,待土块水分蒸发黏合成形后,起苗定植。也有地方采用压制模具制作土块,压制模具一般由木质框格、框盖、底座 3 部分组成。除了压制以外,还可采用浇注。成都郊区的木质浇注模具呈长方形。长的方向为 16 格,宽的方向为10 格,一次可浇注 160 个营养土方。

制作各种压制容器时,应掌握好营养土的湿度,适宜含水量的直观判断方法是:捏能成团,落地能散。湿度不足,营养土不能很好地黏着,压制出来营养土块容易松散,压制时也费力。如果为了黏着而猛力加压,则制出的营养土块会过于紧实,不易透水通气,从而妨碍根系的发育。湿度过大,压制时虽然省力,但制出的营养土块在堆垛时容易捏坏或坍塌。

3. 机械制作

机械制作营养土块需配备粉碎过筛机、搅拌机、土块压模成形机等,有较高的生产率。

(二)穴盘

穴盘是利用工业生产的多孔塑料穴盘,制造穴盘的材料一般有聚苯泡沫、聚苯乙烯、聚氯乙烯和聚丙烯等,一般蔬菜育苗穴盘用聚苯乙烯材料制成。穴盘有不同的规格,一般使用 54cm×28cm标准规格。不同规格的穴盘对秧苗生长及适宜苗龄等影响很大,育苗孔大(每盘孔穴数少),有利于秧苗生长,但基质用量大、生产成本高;而育苗孔小(每盘孔穴数多),则穴盘苗对基质湿度、养分、氧气、pH 值、EC 值的变化就越敏感,同时使得秧苗对光线和养分的竞争更加剧烈,不利于种苗生长,但基质相对用量少、生产成本较低。因而,育苗生产中应根据品种类型、秧苗大小、不同季节生长速度、苗龄长短等因素来选择适当的穴盘。

穴盘可以重复使用多次,但为避免病害的感染,使用过的苗盘一定要进行清洗和消毒。清洗的方法是:先清除苗盘中的残留物,用清水冲洗干净,对于比较顽固的附着物,可用刷子刷净,然后用多菌灵 500 倍液浸泡 12 小时,或用百菌清 500 倍液浸泡 5 小时,或用高锰酸钾 1 000倍液浸泡 30 分钟,均可达到消毒目的,另外苗盘消毒还有甲醛消毒法,漂白粉溶液消毒法,甲醛与高锰酸钾反应气体消毒法,硫磺粉熏蒸消毒法等。黄秋葵育苗中塑料穴盘应用较多,黑色、灰色穴盘吸光性较好。种子较大,根据苗龄长短一般以选择 25 或 50 穴的穴盘,可以保证幼苗生长发育的营养面积。

(三)营养钵

营养钵(又称育苗钵、育苗杯、育秧盆、营养杯),营养钵种类繁多,形状多样,有圆形、方形、六棱形等。目前市场上常用的营养钵大多为塑料营养钵(杯),用聚乙烯等为原料,用一定规格、形状的金属模具在一定温度下经冲压加工而形成,轻便、价廉、不怕摔、不怕压、便于保管,而且有各种规格尺寸。一般常用的营养钵规格口径 6~15cm,高度 6~15cm,底部直径较口径相对小 1~2cm,钵底中央有一小圆孔,孔径约 1cm,以便排水。黑色塑料营养钵具有白天吸热、夜晚保温护根、保肥作用,干旱时节具有保水作用,用营养钵育种、育苗便于集中培育和移栽。

营养钵也可用冲压式制钵机自制,先将配制好的营养土喂入料斗后,由冲头在钵筒内冲压成型,再由冲杆将钵体推出钵筒,经输送带送出。湖北宜昌农机化研究所研制的 ZB-45 型轻便制钵机,钵体直径 45mm,高 60cm,种孔深 13mm,与 1.3 千瓦的单机电机或柴油机配套,每小时可制钵 6000 个。也可用手压制钵器人工制作。手压制钵器是一种简易机械,其主要结构分为压筒与木架杠杆两部分。营养土块压好后,若当时不用,可晾干贮藏备用。营养钵还可以就地取材,手工制作草钵和纸筒或无底塑料薄膜筒营养钵。

黄秋葵苗龄在 20~30 天以内的,可选用钵径 8cm 的营养钵;苗龄在 30~40 天以内的,可选用钵径 10cm 的营养钵;苗龄在 50~60 天的,可选用 13cm 营养钵的。一般冬春季以选择黑色营养钵为宜,以便其吸收更多的光能,使根部温度增加;而夏季或初秋,则应选择银灰色的营养钵,以反射较多的光线,避免根部温度过高;而白色营养钵一般透光率较高,会影响根系生长,所以很少选用。

(四)压缩型基质营养钵

压缩型基质营养钵(图 4-1)是工厂化生产的一种新型育苗

图 4-1　压缩型基质营养钵

营养钵,以草本泥炭、木质素为主要原料,添加适量营养元素、保水剂、固化成型剂、微生物等经高压成形,具有无毒、无公害、使用简便、带钵移栽、不散钵、无缓苗期、成活率高、秧苗质量好、抗逆性强等使用特点,完全改变了传统的塑料营养钵育苗需要经过取土、筛土、配肥、消毒、混拌、装钵等多道复杂工序,大大提高了工作效率。

在使用前只需吸足适量水分,钵体可膨胀回弹至疏松多孔状态。种时只需直接向孔内播入催芽的种子或分入小苗,种子和小苗长大后,带钵移入大田。

第二节 播 种

一、确定播种适期

黄秋葵播种期应根据所在地区的自然气候条件、栽培方式、设施条件、苗龄大小、育苗方法、育苗技术等因素综合考虑。确定播种期的底线是:必须确保地表温度连续性 7 天以上达到 15℃。如果地表温度低于 15℃,种子从土壤中出芽后容易腐烂,从而导致人力物力上的损失,因此黄秋葵播种一定要测定土壤温度。

一般地说,黄秋葵在北方地区的播种期应晚于南方,大棚栽培的可早于露地。据各地试验报告,黄秋葵在北方地区(如辽宁省)于每年 3 月末至 4 月初播种育苗,5 月中旬覆盖地膜定植,6—10 月收获;春播从播种到始收 75 天左右,采收期 90 天左右,温室一年四季均可栽培,大棚主要早春栽培。孙秀俊等试验认为吉林地区应在地温稳定在 16℃以上时,才可以开始播种,4 月末至 5 月初进行大棚内定植。新疆昌吉地区大棚定植多在 4 月中旬,露地栽培则多在 5 月上旬。北京地区多以露地栽培为主,一般在 4 月下旬至 5 月上旬播种,5 月下旬至 6 月上旬定植,7 月上、中旬开始采收嫩果,8 月开始大量采收,可以陆续采收到 10 月。利用温室或大棚可适当作秋延后栽培,但低温时坐果不良,产量偏低。

南方黄秋葵的播栽期早于北方,如江苏省启东市大棚黄秋葵一般在 2 月上旬育苗。福建省春季大棚栽培黄秋葵一般在 2 月初播种,3 月中旬定植。冬季大棚栽培播种期则多在 10 月中旬至 11 月中旬,一般采用商品化育苗,当幼苗达到 3~4 片真叶,苗龄 35~40 天时定植,产品采收高峰期在春节期间。浙江省露地直播一般于 4—6 月播种,7—10 月采收;大棚直播 3 月播种,盖地膜,大棚育苗移栽于2月上中旬播种育苗,5—11月采收。

广东、广西壮族自治区(以下简称广西)、湖南、湖北、四川、云南等省区气候温和,一般露地种植在每年3—7月份播种,大棚全年均可播种育苗。如广西桂南地区,春、夏、秋3个季节都可进行露地栽培,从4月初到11月下旬可连续有鲜荚果供应市场。春季于3月上旬在塑料大棚内播种育苗,于3月中下旬定植,4月下旬至8月中下旬采收上市。夏季栽培于5月上旬播种,5月中下旬定植,于6月中旬至10月上旬采收上市。秋季栽培于6月下旬播种,7月初定植,于8月上旬至11月中下旬采收上市。

二、播种前种子处理

无论是直播还是育苗移栽,无论是采用哪种容器育苗,为了确保出苗快而整齐,幼苗健壮无病虫害,播种前必须进行精选、消毒、浸种、催芽等种子处理。

(1)选种。选种一定要选籽粒饱满,大小一致,纯度高的种子,要去掉种子里的泥土等杂质,以免影响发芽或造成烂种,

(2)药剂消毒。除常用的温汤浸种消毒外,种子还可采用药剂消毒。药剂消毒有拌种、浸种等方法,常用五氯硝基苯、克菌丹、多菌灵等杀菌剂和敌百虫等杀虫剂拌种消毒,用药量为种子重量的0.2%~0.3%。最好是干拌,即药剂和种子都是干的,种子沾药均匀,不易产生药害。

采用药剂浸种消毒时,必须严格掌握药液浓度和浸种时间,否则易产生药害。药液浸种前,先用清水浸种3~4小时,然后浸入药液中,按规定时间捞出种子,再用清水反复冲洗至无药味止。常用福尔马林(40%甲醛)100倍水溶液,浸10~15分钟后捞出冲洗,或1%硫酸铜水溶液,浸种5分钟后捞出冲洗,或10%磷酸三钠或2%氢氧化钠水溶液,浸种20分钟后捞出冲洗,有钝化花叶病毒的效果。

(3)温汤浸种。浸种是催芽前很重要的一步,浸种的时间一定要控制好。用55℃恒温热水浸种,其方法是将50~60℃温水(2

份开水对一份冷水)放在没有油渍的容器中,再将种子慢慢倒入,随倒随搅拌,并随时补充热水,保持水温10分钟之后,搓洗干净后捞出,放在25~30℃的清水中继续浸种4~5小时。温汤浸种不仅能促进种子吸水,还有杀菌防病作用。但注意要掌握好水分和时间,并不断搅动,否则会烫伤种子,影响发芽。

(4)催芽。催芽是育苗技术中最关键的环节,黄秋葵种子发芽率的高低除了与种子本身的质量有关外,还与催芽期的管理有直接关系。种子在发芽过程中都要求适宜的水分、氧气、温度和光照等条件,只有在具备这些条件的前提下,胚器官才能利用贮藏的营养进行生长发芽。为使种子发芽整齐一致,催芽时要创造良好的温度、水分和气体条件,关键是适合种子发芽的温度和时间。

浸种后的种子要淘洗干净,控干多余水分后装入布袋或用纱布包好,把种子放入器皿中,加入25~30℃的温水,置于25~30℃的环境中。黄秋葵种子表皮较厚,需浸泡24小时左右,每隔5~6个小时换1次水,让其充分吸水破壳。种子吸足水分,当大部分种子开始裂壳,有的开始冒白露出芽尖时,把容器中的水倒掉,把裂壳的种子均匀放在湿布上培养24个小时。中间换1次湿布,喷2次水,且培养时间不可过长,以免嫩芽过长播种时被折断。到50%种子露白即可播种。

变温催芽处理,即在种子萌芽前用25~30℃的高温催芽,当种子开始萌动时,用18~20℃的低温催芽,直到催芽结束。变温催芽处理是利用大种芽对低温反应敏感、小芽对低温反应不甚敏感的原理,用低温来减缓大种芽的生长速度,通过大芽等小芽来达到种子出芽整齐的目的。该法能够减少种子间的种芽大小差异,但也延长了催芽的时间,管理不当容易引起其他问题。

陈学好等研究表明,黄秋葵种子用过氧化氢和赤霉素处理可快速促进种子萌发,显著提高发芽率,两者的最适浓度为过氧化氢0.5%,赤霉素1g/L;过氧化氢的作用在于软化种皮,促进呼吸作用,加速贮藏物质分解,而赤霉素的作用则是打破休眠,促进种子萌发。

三、播种方式

黄秋葵可直播也可育苗移栽,一般春季温室大棚栽培采用育苗移栽,露地种植和秋季种植一般采用直播。

(一)育苗

育苗是栽培中一项非常重要的技术环节。俗话说"有苗三分收"指的就是育苗的重要性。育苗不但能提早上市,提高产量和改进品质,还具有以下许多优点:一是利用各种保护地设施进行育苗,可以提早播种,延长在露地的生长期。二是在保护地内进行育苗,由于幼苗集中、面积小,便于苗期温湿度管理、肥水管理、病虫害防治等管理,有利于培育健壮的幼苗。同时环境条件较易控制,比如可以采用地热线进行土壤加温,光照不足时可以利用人工光源补充,可以利用二氧化碳进行气体施肥。三是能够调节茬口安排。比如在前茬还没有收获时可提早育苗,前茬收获后立即定植,还可根据市场需要错开播种期,分期育苗,进行早熟栽培、延后栽培,在周年生产中起着重要作用。四是能节省种子用量,一般是直播种子用量的 $1/3 \sim 1/2$,降低了生产成本。并且通过育苗可以选优去劣,拔除次苗、弱苗,保证幼苗质量和品种特性。

1. 育苗畦育苗

苗床要耕翻晒白、精整细平,采用育苗畦育苗时,每亩育苗畦掺入 $6 \sim 8 m^3$ 细沙土。一般畦宽 $1.2 \sim 1.5 m$,沟深(即畦的高度) $20 \sim 30 cm$、沟宽 $30 \sim 40 cm$,挖起的沟泥要打碎并均匀地散铺在畦面上。基肥每亩可用腐熟农家有机肥 $1\,500 \sim 2\,000 kg$ 或商品有机肥 $500 \sim 700 kg$,加三元复合肥 $20 \sim 30 kg$,结合耕翻、整地时施入,与土壤混合均匀。种子可以撒播或条播。一般每亩大田配置苗床 $20 \sim 25 m^2$。

苗床做好后要浇足底水,并喷施或喷洒地下害虫杀虫剂及除草剂。电热温床育苗的,要按规定铺放加热电阻丝和相应电控设备。

2. 容器育苗

育苗容器包括营养土块、穴盘、各种材质的营养钵,都可摆放于冷床或各种温床上进行育苗,但无论采用哪种育苗容器,都必须事先整平床面。各种育苗容器的准备数量,根据实际需要的苗数,多留15%~20%的备用量。

(1)营养土块育苗。可在事先构筑好的苗床上边制作边播种,以一分地有效苗床面积计算,可放置7cm见方的营养土块1.2万只;10cm见方的营养土块0.65万只。对压制好的干营养土块,在苗床上排放好后,要反复浇水使其浸透,然后再播种。

(2)穴盘育苗。穴盘育苗(图4-2)是一种现代化育苗方式,成苗快、无土传病害、不伤根系、适合远距离运输。穴盘育苗时每

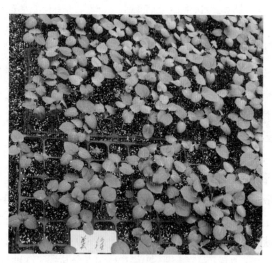

图4-2　穴盘育苗

株种苗根系的生长空间独立,且生长空间远小于传统的育苗方式,有限的育苗基质降低了对水分和养分的缓冲能力,也限制了根系的生长空间,因此根系的生长环境与传统苗床生长环境有很大的差异。育苗基质的质量是穴盘育苗成功与否的关键因素之一,育

苗基质应具有以下特点:保肥能力强,满足根系发育所需养分,避免养分流失;保水能力好,避免根系水分快速蒸发;透气性好,避免根际缺氧;不易分解,利于根系穿透,能支撑植物。目前国内生产的穴盘有多种规格,标准穴盘的尺寸为 540mm×280mm,因穴孔直径大小不同,孔穴数在 18~800。按照黄秋葵的苗龄长短可选用25 孔、52 孔或 72 孔。

　　穴盘宜选用草炭、蛭石、珍珠岩等混合轻型材料为育苗基质,进行精量播种,通常 1 穴 1 粒,一次性成苗。黄秋葵育苗基质应采用轻型无土复合基质,一般使用草炭、蛭石、珍珠岩配置比例为3∶1∶1,基质 pH 值控制在 6~6.8。常用专业育苗基质有:加拿大的Fafard 育苗草炭,美国的阳光(Sungro)、伯爵(Berger),德国的克拉斯曼(Klasman)等,特点是 pH、EC 经过调节,添加了吸水剂及缓释的启动肥料,水气比协调,育苗效果好,但价格比较高。

　　也可以根据当地情况就地取材,充分利用农业生产中的一些废弃物,如食用菌生产的菌渣、椰糠、作物秸秆粉碎物、酒糟、药渣、醋糟等经过无害化处理后,按照一定比例加入珍珠岩调节孔隙度,自配成育苗基质。使用商品基质或新购买的草炭和珍珠岩,一般不需要进行消毒处理,但自己配制的基质在使用前则要进行消毒处理。基质消毒的方法是:按每方基质加入 100g 多菌灵混匀后盖好塑料膜闷 12 小时,或用恶霉灵原药 3g 对水 3~5L 拌匀后均匀洒在基质上,或用恶霉灵原药 3g 与 10kg 过筛细土掺匀后再与基质拌匀,进行消毒处理。另外消毒方法还有甲醛消毒,福美双混合制剂消毒,代森锌混合制剂消毒,百菌清药剂消毒和蒸气消毒等。

　　基质含水量以到自身重量的 60%(以手握基质成团且指缝渗水而不滴水为准)为宜;同时要平整好苗床并在畦面上平铺一层地膜,然后将穴盘要依次平摆在地膜上,将基质均匀倒入育苗穴盘中并用小木片赶去多余的基质,用相同穴盘垂直放在装好基质的穴盘上,进行压盘,促使基质踏实。

　　播种时,用镊子将种子放入孔穴中,或者直接用手指在每个孔穴中央用力按 1.5cm 深的小孔,每孔点播 1 粒,播好后覆盖原基质并刮平。之后用细孔喷头喷水或洒水壶均匀喷洒水分,穴盘上可盖地膜保温保湿,促进种子萌发。种子萌发后及时去掉地膜,以防徒长。一般 5~8 天即可出苗,幼苗 3~4 片真叶时即可移栽定植。

(3)营养钵育苗。苗床位置应选择背风向阳、排灌方便和靠近大田的地方,表土层必须肥沃,苗床面积与大田面积的比例一般为 1:15,苗床宽约为 1.2m。苗床地块不能年年连用。在制钵前15~20 天,将苗床表土挖松,每 10m² 苗床施优质土杂肥 45kg,腐熟人畜粪水(或沼液)约 60kg,硫酸钾 0.3kg,过磷酸钙 0.3kg,或施入相应养分含量的复合肥或苗床专用肥,将肥土混匀用薄膜覆盖备用。人工制钵用直径 7~13cm 的制钵器制钵,先将土用水调至手捏成团,距地面 1.2m 高落地自然散开为宜。

各种形式的草钵、纸钵、塑料钵、陶土钵,均可在播栽季节现做现用,即边装营养土、边码放、边播栽,将制好的钵子整齐排列于苗床上,一分地苗床可放置直径为 8cm 的营养钵约 1.0 万只,苗床四周用细土或细沙填平围好。用水淋透营养钵,直到底部向外渗出水为准。每钵播黄秋葵种子 1~2 粒(一般亩用种量为 0.4kg/亩),用指肚轻按,盖土厚度以 1~2cm 为宜,各种育苗容器播种后覆土都不宜过厚,钵间用细土填满;盖土后床面要保持平整,然后用 800 倍液的敌克松消毒。同时,播种后都应搭好小拱棚,盖好薄膜。

(4)压缩型基质营养钵育苗。黄秋葵宜选用直径 6~8cm 的压缩钵,采用专用塑料育苗盘或在苗床上采用斜式紧密排列方式,即第一排压缩钵排放好后,第二排的每个压缩钵的中心位置位于第一排两个压缩钵的中间位置,钵与钵之间留 1.0cm 间隙,以后排列依次类推。

按每个压缩钵重量的 3 倍计算总需水量。浇水时先用喷壶喷湿压缩钵,然后用小水顺苗床边缘灌水,切勿在营养钵表面泼洒或大水冲灌,以免水流过急冲散钵体。压缩钵吸水后会快速回弹,浸泡1.5小时后用尖细的铁丝或竹签扎刺压缩钵检查压缩钵是否完全膨胀,如果铁丝或竹签不能轻松扎穿压缩钵,则表明压缩钵中心有硬芯,需延长浸泡或加水继续浸泡。待压缩钵完全吸胀后,若苗床仍有少量积水,可采用在塑料膜上打孔的办法及时排除多余水份。刚吸胀的压缩钵比较松软,暂时不能移动和按压,需静置12~15小时,方可进行播种。

营养钵吸水膨胀后次日,将已催芽的种子或小苗放入营养钵孔中。播种后,用商品育苗基质或焦泥灰或细土等覆盖,覆土厚度一般为种子横径的1~3倍,约1cm左右。覆料太少便失去了盖种的意义,覆料太多、太厚种子便会被深埋在下面,如果遇上水分过多、通风又不良等情况,时间一长种子便会腐烂。播种后应搭好小拱棚,盖好薄膜。

(二)直播

直播就是直接将种子播种到生产地田中,以后整个生长期除了补苗不再进行移栽,直播因没有缓苗期,同时播种情况下比育苗移植的长势快,但直播出苗后生长不整齐,且苗期容易发生猝倒病、萎蔫病、地老虎等病虫害,不利于搬运和运输,不能为大面积规模化生产提供种苗。

黄秋葵因为是直根系,主根比较发达,移苗会伤害根部影响正常发育,生产上主要采用种子直播方式。通常以露地直播或露地地膜直播为主,大棚温室设施栽培多用育苗移栽。直播栽培技术参见第五章黄秋葵播种定植与大田管理有关内容。

第三节　播种后苗期管理

播种后,应检查是否有漏播或播后烂种现象;若出现这种情况,要及时进行补种。当幼苗开始出土时,应将覆盖在播种床上的塑料膜去掉,以免影响幼苗出土。当芽刚露土时,在播种床上均匀地覆盖 0.2~0.3cm 厚的一层营养土,不仅可以保持床土温度,防止床土表层裂缝,同时可以填充出苗时幼苗周围土壤的孔隙,增加床土表层湿度和压力,有助于子叶脱壳。

壮苗是早熟高产的基础,培育壮苗是育苗的目的。壮苗的特点是:生长健壮,茎粗,节间短,叶片大而厚,叶色正,子叶和真叶都不过早脱落或变黄;根系发达,须根多;无病虫害;生长整齐,大小适中,既不徒长,也不老化。但是,由于育苗一般都是在外界气候条件不适于幼苗生长时,在人为创造的环境条件下进行的,再加上植株正处于生长发育的初期,容易受外界环境的影响。因此培育壮苗,在整个育苗期必须创造适宜的温度、光照、水分、空气、土壤、肥料等条件,以满足幼苗生长发育的需要。

苗期管理的首要工作是保温、保湿、炼苗、除草和病虫防治。在苗床浇足底水、覆土厚薄适宜、松软透气的条件下,温度的高低对出苗质量和幼苗生长影响很大,其管理重点是苗床温度。温度对幼苗的影响,主要包括苗床内的气温、土壤温度和昼夜温差三个方面。苗床温度低则发芽慢,延迟出苗时间,造成出苗迟早不一,幼苗大小不整齐;温度过低幼苗生长缓慢或停止生长,形成白化苗(新叶叶肉叶脉白化);温度过高,种子发出的芽不粗壮,尤其是晚上温度过高,幼苗生长速度过快,容易形成徒长苗。黄秋葵种子发芽需要较高的湿度和温度,一般苗床温度要求白天保持 25~30℃,夜温保持 15~20℃;4~5 天出苗后,白天温度降到 22~25℃,夜温 13~15℃。同时要保持湿度在 75%~85%。

为了提高苗床温度,可以昼夜盖上帘子,但要经常检查苗床,发现种芽开始顶土就要稍微揭开帘子通风,逐渐降低温度,降温的程度以不妨碍出苗为准。当幼苗出土数量有 20%~30% 时,则白天应揭开帘子。如果中午前后阳光过强,可隔一定距离盖上帘子遮阴,这样既能使已出土的幼苗接受阳光,又可防止床土表面过于干燥,以利苗齐苗壮。

湿度主要包括空气湿度与土壤湿度。当苗床内空气湿度过高,会直接影响根系对水分、养分的吸收和运输,并容易发生病害;如果湿度过低,使幼苗的水分蒸腾大多太快,就会造成叶片萎蔫,所以设施内育苗床,育苗期适当通风换气,排除过高的湿气,是培育壮苗的重要措施。当土壤含水量过低时,根部吸收的水分不能满足蒸腾作用的消耗和其他生理活动的需要,幼苗就会出现萎蔫现象,如果长期缺水则光合作用下降,其他生理活动也受阻,容易形成细小而硬化的老化苗;土壤含水量过高时,如果温度也偏高,光照又不足时,则幼苗容易徒长。因此,幼苗发育阶段水分管理总原则是"见干见湿"。穴盘边缘易失水,应及时补水。浇水要一次浇透,一般在每天正午前浇水,整个育苗期保持供水适时均匀,床土湿润。同时注意做好清沟排水,确保无明涝暗渍。幼苗全部出齐后,要增大通风量,继续降低苗床内温度,以避免在高温高湿的环境条件下,形成高脚徒长苗,并对防止苗期病害有重要作用。

　　光照影响主要是光照强度、光照时间的长短和光照中光谱的成分(光质)。设施内由于玻璃或塑料薄膜的阻碍,再加上钢管材料等的遮阴,苗床内的光照强度明显低于露地。所以应尽量增加光照强度,如保持透明覆盖物的表面清洁,尽量减少遮阴等,有条件的也可在冬季阴雨天气用电灯补充光照。黄秋葵为短日照作物,要求每天日照长度在 14 小时以下才能开花结果,在长日照条件下就不开花或延迟开花,而短日照条件能促进花芽分化。育苗期的营养水平,直接关系到花芽分化与发育数量的多少以及质量的好坏,果菜类花芽大部分都是在育苗期间分化和发育的,从而影响早熟性和丰产性。

　　具体操作上要区分情况对待,地膜覆盖育苗的,在出苗后要及时揭膜,其他参照露地育苗管理。棚架覆盖育苗的,在播种至出苗阶段密封保温,出苗后至第一片真叶前,膜内保持 25～30℃,阴雨天白天揭开两头的膜,晴天昼揭夜盖,保温散湿;第二片真叶后,雨天盖顶防雨,并逐渐过渡到全天揭膜炼苗;第三片真叶后,全天揭膜,若遇寒潮则应盖膜保温,做到"苗不移栽,膜不离床"。塑料温室大棚育苗由于增温保湿效果好,便于管理操作,是培育早壮苗的理想方式,同时也是实现集约化工厂育苗的途径之一。

不论何种播种育苗方式,黄秋葵齐苗长出第 1 片真叶后,要适时进行人工除草与间苗,间苗时应注意留强去弱,去除病苗及畸形苗。另外,生产上间苗不宜一次间得过稀,需要多次间苗。育苗畦撒播或条播育苗的,苗的间距保持 8cm 左右为宜;营养土、穴盘或营养体育苗的,每穴或每钵留壮苗 1 株。移栽前应进行炼苗,炼苗时应加强光照和通风,对水进行适度控制。

黄秋葵育苗期病虫害一般发生较少,主要有立枯病、猝倒病、蚜虫、蓟马、蚂蚁等为害,有时会受地老虎、根结线虫病等地下病虫为害,防治药剂和方法参见第六章黄秋葵病虫害防治。

第五章　黄秋葵播种定植与大田管理

第一节　播种定植

一、产地环境与地块选择

黄秋葵生产基地应按照《无公害农产品　种植业产地环境条件》（NY/T 5010—2016）规定,灌溉水质量应符合表5-1的要求;同时可根据当地无公害农产品种植业产地环境的特点和灌溉水的来源特性,依据表5-2选择相应的补充监测项目。土壤环境质量监测指标分基本指标和选测指标,其中基本指标为总汞、总砷、总镉、总铅、总铬5项,选测指标为总铜、总镍、邻苯二甲酸酯类总量3项。各项监测指标应符合GB 15618土壤环境质量标准的要求。对实行水旱轮作、菜粮套种或果粮套种等种植方式的农地,执行其中较低标准值的一项作物的标准值。

表5-1　灌溉水基本指标

项目	指标			
	水田	旱田	蔬菜	食用菌
pH		5.5~8.5		6.5~8.5
总汞,mg/L		≤0.001		≤0.001
总镉,mg/L		≤0.01		≤0.005
总砷,mg/L	≤0.05	≤0.1	≤0.05	≤0.01
总铅,mg/L		≤0.2		≤0.01
铬(六价),mg/L		≤0.1		≤0.05

注:对实行水旱轮作、菜粮套种或果粮套种等种植方式的农地,执行其中较低标准值的一项作物的标准值

表 5-2　灌溉水选择性指标

项目	指标			
	水田	旱田	蔬菜	食用菌
氰化物,mg/L		≤0.5		≤0.05
化学需氧量,mg/L	≤150	≤200	≤100[a],≤60[b]	—
挥发酚,mg/L		≤1		≤0.002
石油类,mg/L	≤5	≤10	≤1	
全盐量,mg/L	≤1 000(非盐碱土地区), ≤2 000(盐碱土地区)			—
粪大肠菌群, 个/100ml	≤4 000	≤4 000	≤2 000[a], ≤1 000[b]	

注:对实行水旱轮作、菜粮套种或果粮套种等种植方式的农地,执行其中较低标准值的一项作物的标准值;

　　a:加工、烹饪及去皮蔬菜。b:生食类蔬菜、瓜类和草本水果

选择适宜的地块。黄秋葵直根入土深,侧根发达,吸收肥水能力强,对土壤适应性较广,但以土层深厚、肥沃疏松、保水保肥力强的壤土或沙壤土为宜。黄秋葵为短日照植物,耐热力强,喜强光,宜选择通风向阳、光照充足的地段;耐旱,较耐涝但不耐渍,需地下水位低、排水良好;不宜连作,棉花茬不宜种植,亦不宜选果菜类作物为前茬,一般以根菜类或叶菜作物为前茬较好;土壤 pH 值以6~7.5 为好。前茬收获后要及时进行秋冬深耕,力争耕深达 25cm以上以加深熟土层,增强土壤蓄水保肥能力。

二、品种选择

黄秋葵品种众多,依株形可分矮秆、中秆和高秆;按形状可分为五角形、六角形和圆形等;按颜色可分为绿色(包括浓绿、翠绿、淡绿、浅绿)、紫红色和白色;按大小可分为长果种(果长 10 ~25cm)、中果种(果长 5~10cm)和短果种(果长 3cm 左右)。按产地可分为日本品种、我国台湾品种、自选品种和地方品种。不同的品种其产量、果型颜色、种植要求、注意事项、生物学特性都不一

样,在选择品种时一般应注意以下方面。

　　首先,要考虑该品种是不是符合市场消费者需求,预先做好市场的调查和定位。若菜农种植仅是为了满足自己食用,则可按照自己的喜好来选择品种;一般种植目的都是为了销售,还想卖个好价钱,所以先要弄清楚目标市场和消费群体的需求,不同地区、不同市场对果形、色泽、口感等消费习惯不同,对品种的需求也不同,不能单凭自己或本地人的喜好来选择品种。有些品种产量不是很高,但有特别的性状或营养价值,鲜食销售价格就高,综合经济效益就好。当前我国蔬菜市场供应已实现大循环、大流通,菜农的视野也应同步拓宽,要根据不同品种的季节性(淡季与旺季的比例)、不同用途(鲜食、加工、专用)和不同区域市场特性,按目标市场需求选择品种。

　　其次,要选择经过当地多年试种,适宜当地自然气候条件、长势旺盛、抗逆性强、稳产性好、产量高的品种。不同的品种有不同的适应条件,在不同种植条件下生理性状会有不同的表现,即使是同一地区,不同的种植茬口也应该选择不同的适应品种进行种植。适合北方的品种不一定适合南方种植,适合保护地种植的不一定适合露地种植,适合山区种植的不一定适合平原地区种植,适合早春大棚种植的不一定适合夏秋种植。每个品种的适应能力不一样,其适宜的种植区域范围甚至差别很大,因此在选购品种时一定要特别注意这一点。

　　再次,要选择优质新品种。现在的消费者越来越关注品质,优质产品即使价格较高,也较易被消费者接受。随着育种水平的提高和种子产业市场化,使得品种的更新越来越快。所以生产者要根据市场要求不断更新栽培品种,充分利用最新的科技成果,注意选择商品性状好、品质优、营养价值高,以及保健成分含量丰富的新品种。

　　同时,对当地种植多年表现良好的老品种要理性对待,不要盲目轻信种企和种子经营者推销宣传。要理性地认识到新品种不一定就是优良品种,对新品种的特点和优点须经过仔细了解确认,通过现场参观在种企示范田中的生长情况和特征特性,实地考察种过该品种的农户,咨询当地公益性农技推广服务单位等途径,经过2~3年的小面积试种、示范,与老品种的商品性、丰产性、抗病性等进行综合比较,确实比老品种具有可靠的优势时,再进行大面积种植新品种。生产者普遍希望有一个高产、优质、抗病的全能型品种,但这并不现实,应该更关注配套的栽培管理水平提升。

购买黄秋葵种子应认准品牌,选择正规种企生产单位和正规科研单位购买,购种前要询问并查看经营单位的《营业执照》和《种子经营许可证》,确认该单位是否有经营销售资质。购种时要仔细看商标、特征特性、栽培要点、种子质量标准、注意事项、种子经营许可证编号、检疫证明编号、生产单位及联系地址、联系方式、生产日期、包装日期等种子信息是否齐全、明确,字迹模糊不清,袋上标注内容不标准,不正规、不明确的种子不要购买。种子质量应符合《蔬菜种子》(GB 8079)、《瓜菜作物种子》(GB 16715)等标准对种子纯度、净度、发芽率、水分、千粒重等相关规定。并且索要购种发票或凭据,以备查看播后种子质量是否一致,在种子出现质量问题时依法维权。

三、整地施基肥

基肥又叫底肥,大多以厩肥、堆肥、家畜粪等有机(农家)肥料或商品有机肥料为主,搭配化学氮肥、磷肥或三元复合肥料等,在播种或移栽前结合土壤翻耕整地时施入,主要是供给整个生长期中所需要的养分,并有改良土壤、培肥地力的作用。商品有机肥料应符合《有机肥料》(NY 525—2012)、《有机—无机复混肥料》(GB/T 18877—2009)标准。据刘昭华等黄秋葵施肥要点,定植前确保基肥到位,重视有机肥的施用。Adekunle 的研究报告指出,家禽粪可明显增加黄秋葵的株高和产量,建议种植时施用家禽粪。据于善增等试验结果:不同有机肥基施与不施有机肥相比,对黄秋葵定植初期、初花期和结果期生长发育各项指标(叶面积、株高、茎粗、植株鲜干重等方面)有不同程度增加,各种基肥处理对黄秋葵各种性状的影响随着时间延长效果逐渐明显。

黄秋葵施肥一般每亩需氮素 13.3kg、磷素 10.7kg、钾素 12.7kg 左右,把总施肥量 1/2～2/3 作基肥施入,1/3～1/2 作追肥。施肥数量依土壤肥力而异,一般中等肥力水平每亩可施腐熟的农家肥 1 500～2 000kg 或商品有机肥 500～600kg、钙镁磷肥 50kg、三元复合肥 20～30kg 作基肥。基肥在播种移植前 10～15 天均匀撒施在地面,然后结合耕田整地翻入土中,耙细拌匀使土、肥充分混合,既能提高肥力又能改良土壤,以满足其生长发育的需要。

整地要求达到细、平、松、软,上虚下实,在此基础上再进行开沟作畦。一般 8m 宽大棚筑 4～5 畦,一般畦面宽 120～150cm,沟宽 40～50cm,沟深 20～25cm,并保证排水通畅,田不积水。整地作畦之后,在畦面中间铺设滴灌带,便于生长期进行追肥灌水管理,畦面覆盖黑色或银灰色地膜。

四、适时播种

黄秋葵喜温暖,整个生育期应安排在无霜期内,开花结果期应处于各地温暖湿润季节。受各地温度、光照、暴雨等气候条件的制约及周年市场需求,各地积极探讨黄秋葵的设施栽培技术。据孙怀志等对黄秋葵播期研究,南北各地多 4—6 月播种,华北地区一般于 4 月中下旬至 5 月播种,华南南部和海南等亚热带地区可以 1 年 2 茬。北方寒冷地区常用日光温室、塑料大棚集中育苗,待早春晚霜过后,再定植于大田。江苏省启东市通过大棚设施栽培,上市期较露地栽培提前 40 天左右,产量高、品质好、经济效益显著。卢隆杰等在安徽地区采用棚室栽培黄秋葵,一年可种三茬,即冬春茬、春提前和秋延后,冬春茬一般在 9—10 月播种,12 月至翌年 1—3 月供应市场;春提前一般在 1—2 月播种,4—7 月供应市场;秋延后一般在 7—8 月播种,10 月至翌年元旦供应市场。曾亚成在南方利用大棚,高继俊等在北方利用日光温室,于 10 月中旬至

11月上旬播种,产品采收高峰期在春节期间。在宁波奉化一带大棚栽培一般在2月初至2月中旬播种育苗,4月上中旬移栽,5月中下旬开始采收上市;露田栽培则推迟至3月初至3月中旬在大棚内播种育苗(或在4月中下旬大田直播),5月上中旬移栽,6月下旬至7月初开始采收上市。

五、播种与移栽

黄秋葵的种植方式主要有露地(地膜)栽培与大棚温室设施栽培两种。露地栽培是我国主要的栽培模式,可根据各地气候条件、种植方式、茬口安排、上市要求及品种特点确定。

播种前要抽少量种子测试发芽率,如发芽率不高的,要及时与供种单位联系,请求退货或调换;若符合要求则进行育苗或播种,并且要把包装袋、购种发票或凭据留下保存,以备后期依法维权。黄秋葵种壳较坚硬,所以播前应先浸种24小时,后在25~30℃下催芽。据梁素芹等试验总结,播前用20~25℃温水浸种12小时,擦干后置于25~30℃下催芽,约24小时后种子开始出芽,待60%~70%种子"破嘴露白"时播种。发芽期土壤湿度过大,易诱发立枯病。

1. 直播法

黄秋葵多行直播为主,一般以春播为佳。播种方式有撒播、条播或穴播,一般多采用穴播。因其种子发芽、植株生长发育及结荚适宜温度均在22~35℃,故不宜过早播种,各地应在终霜期过后,一般在地温15℃以上时直播较好,采用地膜覆盖可提早5~7天播种。播种时,江苏、浙江、湖南一带多在畦面上按40~50cm开穴,亩播种密度为1 500穴;或按50cm×90cm的行株距开沟,沟深3cm左右,在沟内每隔40cm左右,播2~3粒种子。播后覆细土1.5~2.0cm,再平整畦面,并适量浇水。北方如吉林等省,一般按株行距30cm×50cm开穴,每穴留壮苗2株。也可以开沟后先覆膜,然后在膜上扎孔播种,播后覆土。直播栽培时应选小块空地育苗,以用于缺株补苗。

播种后一般气温正常 8~9 天可出苗,用地膜覆盖则可提早 2~3 天出苗。出苗后要及时间苗,掌握"早间苗,迟定植"的原则,出第 1 片真叶第 1 次间苗,间去弱苗、残苗、小苗,发现缺株要及时补种或补栽。2~3 片真叶时第 2 次间苗定苗,穴播的每穴留 1~2 株壮苗。定苗后至采收的大田管理与移栽苗基本相同。

2. 育苗移栽法

采用塑料钵、塑料育苗盘、压缩型基质营养钵等培育适龄壮苗。黄秋葵移植时关键技术是带土移栽,应尽可能地保护其根系不受损伤。移栽前可喷 1~2 次矮壮素和多菌灵液,选大小均匀的壮苗,剔除瘦弱苗。要保持盘、钵、袋土不散开。苗龄不宜过长,苗株不宜过大,一般以苗高 10~12cm,3~4 片真叶,苗龄 30~40 天为宜;定植后要浇透定根水,以利成活。

六、合理密植

合理密植既保证单位面积上有足够的株数,又能给个体生长发育提供适宜的条件,是栽培中的关键技术之一,其实质是充分利用水、肥、气、热、光等五大因素。一般平均气温高、无霜期较长的地区密度要小;气候温凉、无霜期较短的地区密度要大。土壤肥力高、生长旺盛、植株高、果枝多的应稀植;土壤肥力低、生长较矮小、田间郁蔽可能性小的可密植。水肥条件好的地块宜种密些,反之则种稀些。晚熟品种生长期长,植株高大,茎叶繁茂,单株生产力高,需要的个体营养面积大应适当稀植,反之,植株矮小的早熟品种,茎叶量较小,需要的个体营养面积也较小,可适当密植。

同时,在密度较高时采用合理的株行距配置,一定程度上也能改善田间的通风透光条件。一般采用大小行种植,适当放宽行距,增强通风透光能力,掌握株距 40~50cm,行距小行 50cm 或 60cm,大行 70~80cm,地力高的地块大行可放宽到 90~100cm。据各地文献资料介绍,每亩定植密度有的认为 2 000~2 500 株产量最高,有的认为 2 500~3 000 株产量最高、产品质量也好,有的认为留苗 3 000~4 000 株为好,也有认为以 4 500~6 000 株产量最高,各地可根据当地自然气候条件、土壤肥力和施肥水平、生产管理水平、品种特性和种植方式,因地制宜灵活掌握。一般来说,中等肥力的地块每亩种植 1 500~2 000株。

黄秋葵是植株高大的喜光性作物,如果过密种植,封行早,通风透光差,到生长中后期叶片会相互重叠、遮阴,生长细弱,节间长,不利于开花结果,产量和质量降低,并且容易倒伏,不利于田间作业。但黄秋葵前期生长不快,种植密度不足会影响到前期产量,并且前期刚上市时市场价格往往较高。所以种植密度应优先考虑经济产量、经济效益因素,便于田间作业,减少用工支出,可适当增加密度以提高前期经济产量。定植后及时查苗补缺,保证种植密度。

栽植方式主要有以下几种。

(1)单行种植,在田边、沟边、河边或菜园内单行种植,按株距60cm 穴栽,每穴 1 株,这种方式通风透光条件好。

(2)窄垄双行种植,作 1m 宽的高垄,按株、行距 40cm×70cm,畦沟宽50cm 定植,垄上种两行,方便管理和采收。

(3)大小行种植,作 2m 宽的高畦,畦面上种四行,大行 70cm,小行 45cm,株距 40cm。

(4)大棚和小棚栽培,一般大棚行、株距为 60cm ×(30~40)cm,小棚行株距(70~90)cm×30cm。

徐士振等研究了两种密植方式对春直播黄秋葵嫩荚和种子产量的影响,供试品种为新东京 5 号,采用高密度等行距(8.0万株/hm², 行距为50cm)和中密度大小行(5.3 万株/hm²,大行距100cm,小行距50cm)两个处理,株距25cm。结果表明结荚期中前段(8 月中下旬),不同密度间嫩荚产量、干果籽粒产量和单株生物量干重差异显著,高密度等行距处理的嫩荚和种子产量比中密度大小行处理分别增产16.8%和13.3%。结荚期内伴随生育进程,两种密植方式的嫩荚产量变化趋势一致,但中密度条件利于机械除草、中耕,采摘时行走比较方便,用工成本略少;高密度条件下要注意化学调控,以免疯长。

第二节　肥料管理

黄秋葵生长旺盛,叶片与果荚产量高,对肥料的需求量大,特别在开花期间,如果缺水、缺肥会导致结果不良。在施足有机肥的基础上,必须满足黄秋葵各个生长阶段所需的营养元素,才能达到预期的增产效果。每一种营养元素都有特定的生理功能,合理施肥的规律和要诀是:1 个施肥原则,即坚持有机肥料与化学肥料配合施用的原则;2 个养分平衡,即做到氮、磷、钾养分之间的平衡和大量元素与微量元素养分之间的平衡;3 种施肥方式,即基肥、种肥和追肥这 3 种施肥方式应根据具体情况灵活掌握,不要强求一致;4 个施肥原理,即牢记养分归还学说、最小养分律、报酬递减律和因子综合作用律;5 项施肥指标,即要兼顾产量、质量、经济、环保和改土等 5 项指标进行综合评价;6 项施肥技术,即要综合运用配合肥料种类(品种)、养分配比、施肥时期、施肥方法和施肥位置等各项技术,来发挥肥料的最大效果。了解各种元素的生理作用,科学施肥是实现黄秋葵优质高产的基础。

一、主要营养元素的生理作用

1. 氮、磷、钾

氮、磷、钾是生长发育所必需的大量营养元素,不仅能提高产量,还能提高质量。黄秋葵生长前期以氮肥为主,中后期需磷钾肥较多,氮肥过多植株易徒长,推迟开花结果。

氮是植物体内许多重要有机化合物的成分,是构成蛋白质、叶绿素、核酸、各种生物酶的基础,是一些维生素(如维生素 B_1、维生素 B_2、维生素 B_6 等)和生物碱(如烟碱、茶碱)的主要成分,也是组成细胞原生质的基本物质,没有氮就没有生命现象。但是氮的施用需遵循一定的规律。

顾淑娟等试验表明,氮肥施用时期对黄秋葵单荚重影响不大,但对单株坐荚数、产量有极显著影响,认为氮肥以50%作基肥、15%作活棵肥、15%作第1次采荚后追肥、20%作盛果期追肥能达到较好的增产效果。缪斌等认为,随着氮肥施用量的增加,黄秋葵株高、叶片数、果荚数、单荚重、产量成曲线变化,当氮肥达到一定数量,各项测试指标不再增加且有一定的下降。生产上为了提高氮肥的最大效益,黄秋葵纯氮施用量应控制在22.5kg/hm²以内,一般掌握在18~22.5kg/hm²,可以有效地达到降本增收、提高品质的目的。

磷是植物体内许多有机化合物和细胞核、原生质及核酸、磷脂、生物膜的重要组成成分,同时还是腺三磷(ATP)、各种脱氢酶、氨基转移酶等重要磷化合物的组成成分,具有提高抗逆性和适应外界环境条件的能力,又以多种方式参与体内的各种代谢过程,是细胞分裂和根系生长不可缺少的元素。磷肥能促进植物苗期根系的生长,使植物提早成熟,在结果时磷大量转移到籽粒中,使籽粒饱满。

钾是多种酶的活化剂,对植物的正常生长发育、产量形成、抗逆性等均有重要影响。不仅可促进光合作用,还可以促进氮代谢,提高植物对氮的吸收和利用,调节细胞的渗透压,增强抗逆(旱、寒、病害、盐碱、倒伏)的能力。钾还可以改善农产品品质。延晓东试验证明,在同等条件下增施磷钾肥,可以提高黄秋葵的产量,同时增强其抗病能力。顾淑娟等试验表明,磷钾肥的施用均能提高荚重和单株坐荚数,从而增加产量和经济效益,且配施的效果好于单施。

黎军平等利用二次回归通用旋转组合设计考察NPK肥不同施肥量对黄秋葵的产量影响,相应的数学模型分析结果表明,N、P、K编码分别为0.7417、0.1098、1.6820时,获得最高果荚产量21 556.31kg/hm²,为高产栽培提供了理论参考依据。

Omotoso S. O. 等进行了NPK肥施用量以及施用方法对黄秋葵生长和产量的影响研究,结果表明氮磷钾肥极大地提高了植株高度、叶面积指数、根系长度、叶片数,且穴播比条播相对更适宜黄秋葵的种植,在氮磷钾肥为 150kg/hm² 时,黄秋葵获得最佳产量和产量组分。

李瑞美等对黄秋葵氮磷钾合理施用量研究,结果表明春植与秋植不同处理间株高存在极显著差异,采用极差分析方法确定各影响因子主次顺序,表明影响春植生长的主要因子为磷肥,秋季则为氮肥;春季有助于黄秋葵生长最佳组合为 N2P4K2(N 0.155kg/小区、P₂O₅ 0.159kg/小区、K₂O 0.214kg/小区),秋植黄秋葵最佳施肥组合为 N4P4K3(N 0.104kg/小区、P₂O₅ 0.159kg/小区、K₂O 0.178kg/小区);春秋两季影响黄秋葵结荚的最大因子均为磷肥,其次为氮肥,提高黄秋葵结荚量的最佳施肥组合为 N3P2K2(N 0.130kg/小区、P₂O₅ 0.238kg/小区、K₂O 0.214kg/小区),即适当提高磷肥和钾肥用量配合低浓度的氮可促进黄秋葵结荚。研究结果还表明,春季黄秋葵对氮肥、钾肥的需求量高于秋季,生殖生长阶段对磷钾的需求量高于营养生长阶段,因此生产过程中,在施足有机肥的基础上,应根据不同栽培季节及不同生长阶段的需求差异,科学合理施肥。

国外也做了大量黄秋葵氮磷钾肥综合施用试验。Moench 等安排了 4 个氮水平(50、75、100、125kg/hm²),3 个 P₂O₅ 水平(60、80、100kg/hm²)以及 2 个 K₂O 水平(60、80kg/hm²)的试验,结果表明,黄秋葵的种质遗传性状不受肥料水平的升降影响,但植株高度、叶面积指数、根系长度、单株叶片数、单株果荚数、果荚长度、鲜荚重随着肥料水平的升高而提高,且穴播比条播相对更适宜黄秋葵的种植,在氮磷钾肥为 150kg/hm² 时黄秋葵获得最佳产量和产量组分。

2. 钙、镁、硫

钙、镁、硫这 3 个元素属于中量元素,其中钙能稳定生物膜结构,保持细胞完整性,在植物离子选择性吸收、生长、衰老、信息传递以及植物抗逆性方面有重要作用;镁是叶绿素的组成成分,对植物的光合作用、碳水化合物的代谢和呼吸作用具有重要意义;硫是构成蛋白质和酶的不可缺少的成分。

3. 铁、硼、锰、铜、锌、钼、氯

微量元素主要包括铁、硼、锰、铜、锌、钼、氯等元素,在作物体内为多种酶或辅助酶的组成成分,对叶绿素和蛋白质的合成均有着重要的促进和调节作用。这些微量元素尽管在土壤中含量很低,在作物体内含量少,但在正常生长中却是不可缺少的,缺乏某一种微量元素生长发育就会受到抑制,导致产量、品质下降。微量元素用量不能过大,过量施用不但经济上浪费,而且会出现作物中毒现象。为有效地发挥微肥的作用,必须因土、因作物有针对性地施肥。

Chauhan 等研究了锌、锰、硼 3 种微量元素对黄秋葵的影响,试验安排 Zn(2.5、5.0、10.0mg/kg)、Mn(5.0、10.0、20.0mg/kg)、B(0.5、1.0、2.0mg/kg) 3 种元素的盆栽试验,结果表明,Zn 10.0mg/kg 在所有处理中最好,单株果荚平均数为 15.3 个,每果荚种子数为 17.4 粒,果荚干物质产量和鲜重分别为 4.825g 和 61.650g。其余各微量元素一定程度上提高了黄秋葵的果荚数、果荚种子数、果荚干物质产量和单荚重。

此外,还有诸多学者对其他各种微量元素进行了研究,研究表明:铁是合成叶绿素所必需的,与光合作用有密切的关系;硼能促进碳水化合物的正常运转,促进生殖器官的形成和发育,促进细胞分裂和细胞伸长,提高豆科植物的固氮能力;锰在植物体内的作用主要是通过对酶活性的影响来实现的,所以锰又叫催化元素;铜是植物体内许多氧化酶的成分,或是某些酶的活化剂,参与许多氧化还原反应,它还参与光合作用,影响氮的代谢,促进花器官的发育;锌是某些酶的成分或活化剂,锌通过酶的作用对植物碳、氮代谢产生广泛的影响并参与光合作用,参与生长素的合成,促进生殖器官发育和提高抗逆性;钼是固氮酶和硝酸还原酶的成分,氮代谢和豆科植物共生固氮都少不了钼,钼还能促进光合作用。氯参与植物光合作用,调节气孔的开闭,增强作物对某些病害的抑制能力。

二、生物肥料影响与作用

生物肥料又被称为生物菌肥、菌剂、接种剂,是用特定微生物菌种培养生产具有活性的微生物抑制剂。它是一种辅助肥料,主要功能成分为微生物菌,本身并不含植物所需营养元素,而是通过菌肥中微生物的生命活动及其代谢产物的作用,改善作物的营养条件、参与养分的转化、分泌激素刺激作物根系发育、抑制有害微生物的活动来发挥其增产的效能。

根据我国作物种类和土壤条件,采用微生物肥料和化肥配合施用,既能提高其产量和改善品质,又减少了化肥用量,降低成本,同时还能改善土壤物理性状,有利于提高土壤肥力,减少环境污染。同时有些微生物对病原微生物还有拮抗作用,起到减少或降低病虫害的发生、减轻作物病害的功效。

Manohar 等研究生物肥料即固氮螺菌对黄秋葵影响,结果表明,固氮螺菌+75%N+100%的 P 和 K 处理,单株果荚数(17.76)、单荚重(24.46g)、单株鲜荚产量(609.33g)和生物产量(119.02g/hm²)都达到最高水平,但各处理对果荚长度和直径没有显著影响。

Nuruzzaman 等研究了生物肥料对黄秋葵形态生理特征的影响,结果表明,固氮菌+牛粪、固氮螺菌+牛粪、固氮菌+固氮螺菌+牛粪、60%N 四个处理效果最好,植株高度、单株叶片数、茎秆粗、根系长度、根系干物质重、叶面积指数、植株生长速率等指标达到最高值。

近年来,我国微生物肥料行业发展迅猛,无论是产品的种类和总产量,还是其应用面积都有了快速的增加。在农业部登记的产品种类包括固氮菌剂、根瘤菌菌剂、硅酸盐菌剂、溶磷菌剂、光合细菌菌剂、有机物料腐熟剂、复合菌剂、内生菌根菌剂、生物修复菌剂及复合微生物肥料和生物有机肥类产品。微生物肥料的种类主要有以下 3 类。

（1）农业微生物菌剂。其本身不含营养元素，而是以微生物生命活动的产物改善作物的营养条件，活化土壤潜在肥力，刺激作物生长发育，抵抗作物病虫危害，从而提高作物产量和质量。代表品种为各类根瘤菌肥料，主要应用于豆科植物，使其能在豆科植物根、茎上形成根瘤，并同化空气中的氮素，来供应植物氮素营养。也可同时使用两种或两种以上互不拮抗、互相有利的微生物（固氮菌、解磷菌或其他细菌），通过其生命活动使作物增产。

（2）生物有机肥。是有机固体废物（包括有机垃圾、秸秆、畜禽粪便、饼粕、农副产品和食品加工产生的固体废物）经生物肥菌种发酵、除臭和完全腐熟后加工而成的有机肥料。

（3）复合微生物肥料。是一种或几种微生物菌的复合，或者菌与营养物质的复合而成的肥料制品。既含有作物所需的营养元素，又含有益微生物，既有速效性，也有缓效性，可以代替化肥供农作物生长发育。根据所含营养物质的不同，又可分为微生物和有机物复合肥料（生物有机肥）、微生物和有机物质及无机元素复合肥料（复合微生物肥料）。按制品中微生物种类多寡，可分为单剂的微生物肥料和复合微生物肥料。复合微生物肥料按其制品中特定的微生物种类，可分为细菌肥料（根瘤菌肥，固氮、解磷、解钾肥）、放线菌肥料（抗生菌肥料）、真菌类肥料（菌根真菌、霉菌肥料、酵母肥料）、光合细菌肥料。

农用微生物菌剂执行标准 GB 20287—2006,复合微生物肥料执行标准 NY/T 798—2015,生物有机肥执行标准 NY 884—2012。其中有效活菌数等技术指标如下：

微生物菌剂：颗粒剂——有效活菌数≥1.0 亿/g,粉剂——有效活菌数≥2.0 亿/g,水剂——有效活菌数≥2.0 亿/g。生物有机肥：颗粒剂及粉剂——有效活菌数≥0.2 亿/g、有机质（以干基计）≥40%。复合微生物肥料：颗粒剂和粉剂——有效活菌数≥0.2 亿/g、8%≤氮磷钾≤25%,有机质（以烘干基计）≥20%,水剂——有效活菌数≥0.5 亿/g、6%≤氮磷钾≤20%。

由于微生物肥料是一种活体肥料,有效期严格,随着保存时间的延长和保存环境的变化,产品中微生物数量会逐渐减少,活性逐渐降低,肥料效果受产品质量、施用方法、环境条件等方面的限制,还不是非常稳定。

三、叶面肥影响与作用

叶面肥自 20 世纪 80 年代我国开始商品化生产以来,叶面肥市场发展速度较快,从单一成分发展到复合成分,从大量营养元素发展到微量元素和有益元素,从无机养分发展到有机养分,从矿质养分发展到添加植物生长调节剂。据不完全统计目前涉及生产企业达 3 000~4 000 家,产品种类丰富,名目繁多,成分复杂,质量参差不一,市场竞争相当激烈。由于叶面施肥有许多优点,已成为生产中一项不可缺少的施肥技术与措施,随现代农业和肥料技术的发展,叶面肥的应用开始向多元化、针对性、环保型等方向发展,产品的发展也趋向高浓度化、系列化、多功能化和专用化。

叶面肥按产品剂型可分为固体(粉剂、颗粒)和液体(清液、悬浮液)两种类型,按组分可分为大量元素、中量元素、微量元素叶面肥和含氨基酸、腐植酸、海藻酸、糖醇等水溶性叶面肥。优质产品一般具有以下特点:有效养分浓度高,有害副离子含量少,合理施肥范围内对叶片安全无副作用;养分配比合理,叶面吸收效果好;杂质含量低,与其他叶面喷施物混配性好等。叶面肥按作用功能可分为营养型和功能型两大类:

营养型叶面肥由一种或一种以上的大量、中量或微量营养元素配制,其主要是有针对性地提供和补充作物营养,改善作物的生长情况;为了提高叶面肥效果,部分产品中添加了表面活性剂或有机活性成分。

功能型叶面肥由一种或一种以上无机营养元素,与植物生长调节剂、氨基酸、腐植酸、海藻酸等生物活性物质或农药、杀菌剂及其他一些有益物质(包括稀土元素和植物生长有益元素)等混合配制而成,其中各类生物活性物质对植物生长具有刺激和促进作用,农药和杀菌剂具有防治病虫害的功效,有益物质(包括稀土元素和植物生长有益元素)也对作物的生长发育具有刺激和改良作用,或对某些作物生长具有特殊效用和特需性。该类叶面肥料是将一些添加物的功能性和无机营养元素补充相结合起来,从而达到一种相互增效和促进的作用,是目前市场的主流。其中植物生长调节剂类叶面肥产品,由于喷施效果明显、见效快、成本低等特点,受到众多厂家的重视,也存在盲目添加过度应用倾向。

叶面施肥又称根外追肥,它将营养元素施用于作物叶片表面,通过叶片的吸收而发挥其功能。但叶面施肥提供的养分数量有限,主要是用来弥补根系吸收养分的不足,不足以满足作物全部需要,特别是氮、磷、钾大量元素。叶面施肥的突出特点是针对性强,养分吸收运转快,可避免土壤对某些养分的固定作用,提高养分利用率,且施肥量少,尤其是土壤环境不良、水分过多或干旱低湿条件、土壤过酸过碱等因素造成根系吸收作用受阻,或已经表现出某些营养元素缺乏症,以及作物生长后期根系吸收能力衰退时,以根施方法不能及时满足作物需要时,采用叶面追肥可取得较好的效果。根据研究测算,一般作物在叶面喷施硼肥,对硼的利用率是基施的 8.18 倍,从经济效益上看,叶面喷施比根施要合算。

王辉等对黄秋葵喷施磷酸二氢钾进行了初探,结果表明喷施磷酸二氢钾能防止植株早衰,延长采果周期,增加坐果数量。高尚等研究不同叶面肥喷施对黄秋葵生长特性与产量的影响,结果表明:喷施卢博士有机液肥和磷酸二氢钾,与对照相比能显著提高功能叶片的 SPAD 值和净光合速率;0.5%磷酸二氢钾和 0.5%卢博士有机液肥喷施处理的产量较高,每株分别为 0.88kg 和 0.87kg,比对照高 24.9%,并且喷施 0.5%卢博士有机液肥可改善黄秋葵的品质。

在实际的生产过程中,为了省工省时、提高工效,常将农药与叶面肥混合喷施。但叶面肥的成分比较复杂,多数是大、中、微量元素的混合物,少数叶面肥还混有激素和助剂,并不是所有的肥料或农药都可以与叶面肥混用的,如铜制剂农药最好不要与无机营养型叶面肥混用,因为铜制剂是通过铜离子起作用的,无机营养型的叶面肥中含有的各种离子等会影响铜离子的析出速度,进而影响药效。而氨基酸、核苷酸等叶面肥多呈弱酸性,不宜与碱性农药等混用。氨基酸、海藻酸、甲壳素类的叶面肥与铜制剂、锰制剂等含金属离子的药剂混配时,易发生药害。有关叶面肥与农药混合问题,在进行混用前应该仔细阅读说明书,一般情况下应先将叶面肥配成母液,加入喷雾器内混匀,然后再将农药配成母液,加入喷雾器内,配完药液后要立即喷雾,避免久置产生反应,防止因不合理混配影响用肥用药效果,甚至产生肥害药害。

近年来,水溶肥(WSF)作为一种新型环保肥料种类发展迅速。水溶肥主要用于滴灌、喷灌,对水溶性要求相当严格,是一种可以迅速溶解于水的多元复合肥料,不仅可以含有作物所需的氮、磷、钾等全部营养元素,还可以含有腐植酸、氨基酸、海藻酸、植物生长调节剂等。与喷灌、滴灌系统结合,借助设施中压力系统(或地形自然落差),将可溶性肥料按作物需肥规律和特点,对成肥液与灌溉水一起,通过可控管道系统使水肥相融后,经过管道和滴头来滴灌,均匀、定时、定量,浸润作物根系发育生长区域,这种水肥管理方式就是水肥一体化。水肥一体化实现了从渠道输水向管道输水、从浇地向浇作物、从土壤施肥向作物施肥、从水肥分施向水肥一体四大转变,大幅度提高了肥料的利用率,一般肥料施用量减少40%,节水达到35%~50%,省水省肥省工明显,使用膜下滴灌等水肥一体化技术只需打开阀门,合上电闸,方便易行。

四、大田追肥管理

黄秋葵生育期长,其嫩果采收期可达100天左右,除在栽植前施足底肥外,应及时施追肥。一般追肥3~4次,生长前期以氮为主,中后期以磷、钾肥为主,不宜偏施氮肥,以免发生植株徒长,开花结果延迟,坐果节位升高。

肥料施用应按照《肥料合理使用准则 通则》(NY/T 496—

2010)。正常情况下,一般在直播田定苗或移栽苗定植后应施一次提苗肥,每亩用尿素 5kg 对水 500kg 浇施,或沼液、人粪尿 500~600kg 沟施。开花后追施一次促花肥,每亩用三元复合肥 15~20kg,于行间沟施或浇施。进入采果期后,再追施 1~2 次壮果肥,每亩每次施沼液、人粪尿 2 500~3 000kg,或三元复合肥 20~25kg,穴施在株间或行间,施后覆土。生长中后期根据苗情长势,每 15~20 天追肥一次,在阴天或晴天 16 时以后,还可用 0.2%磷酸二氢钾、0.1%硼砂、0.2%尿素混合液进行叶面追肥,喷到叶面湿润即可,防止植株早衰。

追肥可与灌水相结合,采用水肥一体化技术,节水节肥省工省力。在大棚温室设施栽培的条件下,还可以补施二氧化碳气肥。设施栽培施肥上需注意几点:一是不要大量施用未腐熟的饼肥。因为饼肥碳氮比小,分解快,局部容易产生高温和高浓度的氨和有机酸,容易烧根。应该将饼肥粉碎高温发酵后再施用。二是不要施用碳铵与含氯的化肥。碳铵施用后挥发出大量氨气,容易产生氨害。氯离子能降低黄秋葵果实的淀粉和糖含量,使品质变差、产量降低,而且氯离子残留在土壤中能导致土壤酸化,容易造成土壤脱钙,引起土壤板结。三是磷酸二铵不要多施,不要与草木灰等碱性肥料混合施用,以免引起氨的挥发,造成氨害。

第三节　水分管理

水对所有蔬菜都具有重要的作用,一般蔬菜含有 60%~80% 甚至 90%以上的水分。蔬菜对营养物质的吸收和运输,以及光合、呼吸、蒸腾等生理作用,都必须在水分的参与下才能进行。因此,水可直接影响是否能健康生长,如水分过多,植株徒长、烂根并抑制花芽分化,甚至死亡;严重缺水,又易造成植株枯萎,干枯而死。如何根据不同生育期对水分的不同需求,科学合理地进行水分管理,保证其正常的生理需水和生态需水,对形成更好的产量和质量水平至关重要。

刘志媛等以黄秋葵新东京 1 号幼苗为材料,在华南热带农业大学蔬菜实验园进行了不同土壤相对含水量(SRWC)(80%、60%、40%、20%)对其光合作用和生长的影响试验,结果表明:SRWC 为 20%时,植株的生长受到显著抑制,其株高、茎粗(直径)、节间长、叶片展开数及干物质重均显著低于其他处理,叶片脱落数则显著高于其他处理;SRWC 为 60%时,植株生长粗壮,根系发达,叶片的净光合速率、地下部与地上部质量显著高于其他处理;SRWC 为 40%时,植株的花蕾数最多,根部干重低于 SRWC 为 60%时,但高于 SRWC 为 80%和 SRWC 为 20%时,其他各项生长指标与 SRWC 为 60%时无显著差异;SRWC 为 80%时,植株有一定程度的徒长,其株高显著高于其他处理,茎细节间长,花蕾数也较少,植株日均净光合速率仅次于 SRWC 为 60%条件下生长的植株,且高于其他处理,生长也未受到显著抑制。因此认为,黄秋葵苗期适宜的 SRWC 为 40%~60%。韦吉等对"不同黄秋葵种质对干旱的生理生化反应"进行了研究,试验结果表明:水分胁迫下,相对含水量和叶绿素含量下降;离体失水率、相对电导率、游离脯氨酸和可溶性蛋白质含量升高。

一、灌水方法

黄秋葵常用的灌水方法有沟灌、浇灌、渗灌、滴灌等。滴灌是新型的灌溉方式,统称微灌技术,将灌溉与施肥融为一体,这是目前在生产上推广应用的水肥一体化技术。通过灌溉系统喷肥或滴肥一定要控制浓度,当浓度太高时会"烧伤"叶片或根系,最准确的办法就是测定喷施的肥液或滴头出口的肥液的电导率,通常范围在 1.0~3.0ms/cm 就是安全的。或者水溶性肥稀释 400~1 000倍,或者每方水中加入 1~3kg 水溶性复合肥喷施都是安全的。

1. 滴灌技术

滴灌技术是通过干管、支管和毛管上的滴头,在重力和毛细管的作用下,使水(或肥水)一滴一滴均匀缓慢地进入土壤,滴入黄秋葵根部附近的一种灌溉系统,使作物主要根区的土壤经常保持最优含水状况。滴灌省水、省工、省力、能改变田间小气候,并可与追肥相结合,能节省肥料、减少养分流失、提高肥效、降低成本,但滴灌需要一定的设备,一次性投入成本较高。

2. 滴灌系统

滴灌系统分固定式、移动式两类,固定式是最常见的系统,毛管和滴头在整个灌水期内是不动的,毛管和滴头的用量很大,系统设备投资较高。移动式滴灌系统又分机械式与人工移动式两种,机械式又有两种形式:一种是塑料管固定在一些支架上,通过某些设备移动管道支架滴灌;另一种是类似时针式喷灌机,绕中心旋转的支管长 200m,由 5 个塔架支承。人工移动式则是由人工进行昼夜移动支管和毛管,其投资最少,但不省工。

3. 滴灌装置

滴灌装置主要有控制首部、输水管路和滴管三部分组成:控制首部包括水泵(及动力机)、化肥罐过滤器、控制与测量仪表等。其作用是抽水、施肥、过滤,以一定的压力将一定数量的水送入干管;输水管路包括干管、支管、毛管以及必要的调节设备(如压力表、闸阀、流量调节器)等,其作用是将加压水均匀地输送到滴头;滴管是滴灌系统的出水部分,滴管上安装滴头,滴头的作用是使水流经过微小的孔道,形成能量损失,减小其压力,使它以点滴的方式滴入土壤中。滴头通常放在土壤表面,亦可以浅埋保护。

4. 建设微灌系统应注意的问题

(1)设计、安装、管理要规范,装配要正确,防止漏水。

(2)要经常检查是否破损、漏水,经常清洗过滤器和喷头、滴管、输水管道等,要保持水质清洁。

(3)使用过程中要经常检查水压,正常水压以 0.1~0.2 兆帕为宜。水压太小,滴水(喷雾)慢工作范围小;水压过高水管易破损。

(4)肥液浓度一般应控制在 0.1%~0.2%,不能太高,应根据不同作物进行尝试。

二、合理灌水

黄秋葵生长前期气温较低,需水量少,苗期可少浇水,但应避免土壤过分干旱,而延缓幼苗发育。移栽苗在定植后浇 1 次缓苗水。开花前适当中耕蹲苗,有利于促进根系伸展。开花结果时要经常浇水,保持土壤湿润,若水分供应不足,则会造成落花,嫩果老化,纤维含量增加,品质下降,且产量降低。7—8 月高温季节正值黄秋葵收获高峰,开花坐果生长快,地表温度高叶面蒸腾量大,应及时灌溉保持土壤湿润;浇水应掌握“凉时、凉地、凉水”小水勤灌,防止高温下浇水伤根,以上午 9 点以前或下午日落后灌水为宜。生长后期酌情浇水。浇水方式以喷灌、滴灌方式为好。

三、及时排水

黄秋葵是需水量较大的作物,但不同生育阶段对水分的需求是不相同的。水分过多常会造成生长不良,甚至沤根烂死。同时,由于保护地的密闭性,土壤水分过多时容易造成棚室内湿度过高,不利于蔬菜的蒸腾作用,影响对土壤养分的吸收,并且容易造成病菌的感染与传播。

通常称淹没部分或全部植株,影响生长发育而造成的危害为涝害,将尚未淹没畦面,土壤中水分长期处于饱和状态而危害生长发育的称为渍(湿)害,故有“明涝暗渍”之称。涝害、渍害表面看起来是土壤水分过多造成的,实质上都是因土壤中缺乏氧气引起的。

我国东南沿海地区台风洪涝灾害性天气频发,黄秋葵生长季节降水量偏多,必须十分重视田间排水工作。在汛期到来之前健全田间排水系统,在栽植田及其附近挖好排水沟,降低地下水位,及时清理沟渠,做到雨停后沟内不积水。低洼易涝地区的菜田应建立排涝泵站,加固堤岸田埂,深沟高畦以利排水。近年宁波奉化地区历经 2012 年 11 号“海葵”台风、2013 年 23 号“菲特”台风、2014 年 16 号“凤凰”台风、2015 年 9 号“灿鸿”台风、21 号“杜鹃”

台风、2016 年 14 号"莫兰蒂"台风造成的洪涝灾害,同期在地蔬菜除了茭白、田藕、芋艿等水生蔬菜外,仅有丝瓜、黄秋葵、空心(蕹)菜等极少种类蔬瓜能免于绝收。据奉化绿苑果蔬专业合作社受灾情况调查,黄秋葵在淹水深度高出畦面情况下,一般浸水 24 小时左右,植株无明显受灾症状,在洪水消退后能正常生长(彩页 2);一般浸水 48 小时左右,植株会出现零星或少量落叶现象,在洪水消退后能逐渐恢复生长;一般浸水 72 小时左右及以上,植株落叶会大量增加及至死亡。

第四节　土壤管理

从播种(或定植)至收获完毕前,为改善土壤条件常采取包括中耕、培土、地面覆盖等措施。

一、中耕、培土

中耕就是在株、行之间进行表面松土,切断土壤的毛细管,使地下水无法上升。传统农业生产上中耕主要是防除农田杂草,现在利用化学除草剂灭草,既省工又节本,但有些农户误以为草已除掉,就不要中耕了。其实,化学除草代替不了中耕。中耕不仅改善了土壤的物理性质,增加土壤的透气性,而且改善土壤的生物学性质和化学性质,可调节土壤的水、肥、气、热状况,对于有一定株行距、生长期较长的黄秋葵来说,是一项很重要的田间管理措施。

1. 增加土壤通气性

农作物在生长过程中,不断消耗氧气,释放二氧化碳,使土壤含氧量不断减少。中耕松土后,大气中的氧不断进入土层,二氧化碳不断从土层中排出,改善根系的供氧状况,保证根系生理的正常进行。

2. 增加土壤有效养分含量

土壤中的有机质和矿物质养分,都必须经过土壤微生物的分解后,才能被农作物吸收利用。中耕松土后为微生物繁殖创造了条件,据测定其中好气性微生物要增多 20~30 倍,因而有利于养分的转化,使土壤中的有效养分显著增加,例如硝酸态氮一般要增加一倍,速效性磷要增加两倍多,代换性钾要增加 50%。

3. 调节土壤水分含量

干旱时中耕,能切断土壤表层的毛细管,减少土壤水分向土表运送,减少蒸发散失,起到抗旱保墒的作用。多雨时中耕,表土疏松后含水量由于蒸发而迅速减少,有利于生长发根。

4. 提高土壤温度

中耕松土能使土壤疏松,尤其对黏重紧实的土壤进行中耕,效果更为明显。

5. 抑制徒长

农作物营养生长过旺时,深中耕可切断部分根系,控制吸收养分抑制徒长。

中耕往往与除草、清沟、培土等田间作业合在一起操作,解决杂草与蔬菜争光、争肥、争水的矛盾,减少以杂草为中间寄主的病虫危害。对株型较大的黄秋葵进行中耕培土护根,可以扩大根群,增强吸收和抗风能力。中耕的深度在靠近植株边要浅一些,远离植株的行间可深一些;在苗期宜浅以免伤根,中后期可加深以促进根系发育;灌溉或降水以后中耕,有利水分蒸发,提高土温。定植后如遇早春地温偏低,土壤偏湿,一般多行深中耕,以创造松、暖的土壤条件,促进生根发棵,提早结果;干旱季节则行浅中耕以防旱保墒,降低地温,保护根系。

黄秋葵移栽定植后,一般每 10~15 天中耕除草 1 次,到封行时为止。开花结果初期植株生长加速,每次追肥灌水后应结合中耕进行松土,防止土壤板结,以利根系生长;同时,结合清沟进行培土护根,预防田间渍水和雨季发生倒伏。黄秋葵根深株稳,一般不存在倒伏问题,但在东南沿海地区,入夏以后暴雨和台风频繁,也有倒伏和折断的危险。春夏季节杂草滋生较快,应及时除草,以防止发生草荒。

二、畦面覆盖

畦面覆盖是减少土壤水分蒸发和提高地温的重要方法。20世纪中叶,随着塑料工业发展,农用塑料薄膜广泛用于畦面覆盖,具有增温保湿、促进土壤养分分解、抑制杂草生长,还有防病虫、防旱抗涝、抑盐保苗、改进近地面光热条件,使产品卫生清洁等多项功能,对于那些刚出土的幼苗来说,具有护根促长等作用。但地膜覆盖的增温效果因覆盖时期、覆盖方式、天气条件及地膜种类不同而异。

农用地膜一般厚度为 0.008~0.015mm,按功能和用途可分为:普通地膜包括广谱和微薄地膜,特殊地膜包括黑色、黑白两面、银黑两面、绿色、微孔、银灰(避蚜)、(化学)除草、配色和可控降解地膜等。近年来纷纷上市的各种有色农膜,由于不同颜色的农膜对光谱的吸收和反射规律不同,对农作物生长及杂草、病虫害、地温的影响也不一样,因此使用时要按照作物的特点和种植季节,选择不同颜色的农膜。

生产上应用最普遍的是无色透明地膜,也称为普通地膜,厚度 0.005~0.015mm,幅宽 80~300cm 不等,其透光率和热辐射率达90%以上,适合春秋两季使用。地膜覆盖后,可以提高地温、保墒、护根以及提高肥效,还有一定的反光作用,以改善植株中下部叶片的受光条件。缺点是土壤湿度大时,膜内形成雾滴会影响透光。根据塑料原料不同,无色透明地膜分为聚氯乙烯塑料薄膜、聚乙烯塑料薄膜。由于聚氯乙烯薄膜的机械强度较大,抗老化性能较好,弹性好,拉伸后可以复原,是我国农业生产上推广应用时间最长、数量最大的一种。聚乙烯薄膜是近年推广应用的品种,由于它的制造工艺简单、透气性和导热性能好,比重较小(为聚氯乙烯薄膜的 76%左右),用量正在大幅度增长。

其次是黑色地膜,简称黑膜,是在聚乙烯树脂中加入 2%~3%的碳黑,经挤出吹塑加工而成,地膜厚度 0.01~0.03mm,透光率1%~3%,热辐射只有 30%~40%。由于它几乎不透光,阳光大部分被膜吸收,膜下杂草不能发芽和缺光黄化而死,覆盖后灭草率可达 100%,除草、保湿、护根效果稳定可靠。黑色地膜在阳光照射下,本身增温快、湿度高,但传给土壤的热量较少,其增温性能不如透明膜,夏季白天还有降温作用,防止土壤水分蒸发的性能比无色透明膜强。黑色地膜一般可使土温升高 1~3℃,但自身也较易因高温而老化。黑色地膜适用于杂草丛生地块和高温季节栽培,可为作物根系创造一个良好的生长发育环境。

银灰色地膜是在聚乙烯原料中加入含铝的银灰色母料,经挤出吹塑而成,厚度 0.015~0.02mm,幅宽 70~200cm 不等,透光率在 60% 左右,除具有普通地膜的保温、保湿、除草及防病虫作用外,突出特点是可以反射紫外光,有利于果实着色;能驱避蔬菜瓜果类蚜虫和白粉虱,减轻因蚜虫而传播病毒病的发生和蔓延。适用于夏秋高温期间防蚜、防病、抗热栽培。地膜覆盖栽培管理上应注意以下事项。

1. 整地要细平

耕地前应先清除前茬秸秆、旧膜、残枝等杂物,翻地前施足有机肥料,配施一定比例的磷钾肥,深耕细耙使畦面土粒细碎、平整,畦面中央略高呈"龟背"状,这样有利于地膜与地面接触紧密。

2. 与滴灌管(带)地膜配套

地膜覆盖后常规追肥不方便,应在畦面上铺设滴灌管(带)。将肥料对成肥液,在灌溉时确保水分和肥液一起均匀、准确、定时、定量地输送到根系发育区。

3. 喷除草剂

为了防止铺膜后杂草丛生,应在铺膜前喷施除草剂,一般使用量比露地减少 1/3。到生长中后期,出现杂草把地膜顶起来现象,可在晴天的中午踩平杂草顶起的地膜,使地膜和杂草紧贴;对于定植孔或裂口处长出的杂草,应及时拔掉并用土把孔封好。

4. 铺膜

铺膜有机械作业和人工作业两种,地膜的宽度应等于或大于畦面的宽度。操作时把膜拉紧,顺畦面铺平、铺正,使地膜紧贴畦面,四周用土压实,防止透气。为防止大风乱吹,铺膜前可先在畦边开一小沟,盖膜时边铺边压土,可在膜面上每1.5~2m压一小堆土,防止地膜被风吹起。

5. 播种定植

直播的可先播种、后盖膜,在出苗时及时破膜放苗,并用细土把孔压严。育苗移栽的可先盖膜,在覆膜3~5天后,用刀片在移栽位置把膜划破,移栽后用细干土把定植孔压严,防止水分和温度散失;如先移植后覆膜的,应注意盖膜时不要损伤幼苗。

第五节　棚室空气管理

一般设施内气体对蔬菜生长发育影响,不如温度和光照等条件直观,往往被人们所忽视。棚室设施栽培在低温季节经常密闭保温,棚内空气流动和交换受到限制,很容易积累有毒气体如氨气、亚硝酸气、一氧化碳、二氧化硫、乙烯等造成危害。据薛勇对大棚蔬菜气害症状及防止措施研究,冬春季节塑料大棚密不通风,温度高湿度大,生长旺盛的蔬菜很容易遭受有害气体的危害,使植株生长发育不良,严重时枯萎死亡。

一、有害气体危害症状及产生原因

1. 氨气

氨气在5mg/L以上就出现危害症状。初期叶片上有水渍状斑,失绿后出现黑褐色斑点,干枯,叶缘呈烧焦状,严重时全株叶片下垂、枯死。产生原因是过量使用氮肥或未充分腐熟的有机肥,特别是大量使用碳酸氢铵,在土壤干旱棚内高温下,会在短期内(施肥后3~4天)分解产生大量氨气所致。土壤呈碱性。

2. 亚硝酸气体

亚硝酸气体在2~3mg/L以上就出现危害症状。形成水渍状不规则的白色斑点,或产生褐色的坏死组织。严重时斑点连片或焦枯。产生原因是过量施用氮肥,土壤呈酸性。

3. 一氧化碳

一氧化碳在 5mg/L 以上就会产生症状。一是隐性中毒,蔬菜本身没有明显可见的被害状,只是品质变差,对产量影响不大;二是慢性中毒,气体从叶片背面的气孔或水孔侵入,在气孔及其周围出现褐色斑点,表面黄化;三是急性中毒,叶片产生白色斑点,或产生褐色坏死组织。产生原因是煤火加温时,由于燃烧不完全或烟道不通畅所致。

4. 二氧化硫

二氧化硫在 5mg/L 以上就出现症状。可引起叶绿体解体,叶片漂白、形成褐色斑点,严重时叶片变褐、焦枯。产生原因是煤及石油燃烧不完全。强光、高温、土壤水分多时危害严重。

5. 二氧化碳

二氧化碳在 100mg/L 以下时就呈现不足状态。主要是光合作用受抑制、呼吸作用减弱,根系发育不良,生长较弱,叶色黄绿,加速老化,果实不发育,产量降低。当 CO_2 浓度超过 2 220mg/L 时,过高的 CO_2 浓度会使叶片中 N、K、Ca、Mg 和 P 的含量降低,减小气孔开张度,蒸腾作用减弱,叶温升高,导致萎缩,黄化落叶。产生原因是棚室内外不通风,过量施用 CO_2 也会出现 CO_2 中毒。

6. 氟化氢

氟化氢在 10mg/L 以上就会产生症状。主要表现为叶尖或叶缘出现小白褐色斑,呈环带状分布,后扩展全叶,造成叶片坏死,枯萎脱落。产生原因是距炼钢、炼铝、水泥、陶瓷、砖瓦、磷肥工厂较近,造成氟化物污染。

7. 氯气

氯气在 0.1mg/L 以上就会产生症状。主要是破坏叶绿素,使叶片产生褪色伤斑,严重时会全叶漂白、枯萎、脱落。产生原因是塑料厂、化工厂、电化厂、制药厂、农药厂、冶炼厂释放氯气,农膜分解也会释放氯气。

8. 乙烯

乙烯在 0.05mg/L 以上就会产生症状。主要造成植株矮化，顶端生长优势消失，侧枝生长优势强，叶下垂，皱缩，失绿转黄变白而脱落，花果畸形。产生原因是烟气危害、农膜分解释放乙烯发生危害。

二、预防措施

1. 正确合理施肥

增施 P、K 肥，少施 N 肥，底肥为主，追肥为辅；不施用未腐熟的有机肥；追肥采用开沟深施，用土盖平，及时浇水将肥料稀释。最好采用膜下灌溉或滴灌，使化肥随水施入，可减少挥发。

2. 做好通风灌水

发现有害气体后应马上放风，发生亚硝酸气害后，马上施用石灰或施用反硝化剂，并大量浇水使其尽快渗入土中。在低温季节也要及时通风换气，防止大棚长期封闭，在确保对温度要求的情况下，利用中午气温较高时，打开通风口使空气流通。即使在阴天或雪天，也要在中午进行短时间的通风换气，以尽可能减少棚内有害气体，降低空气湿度。

3. 禁用含有毒成分的薄膜

禁止使用二乙丁酯塑料薄膜和易挥发增塑剂(DIBP)的塑料制品，防止氯气、乙烯等有害气体产生危害。

4. 加温要及时排烟

用炉火或用煤加温的应选择含硫少的优质煤，并尽量使其充分燃烧，并在火炉上安装烟囱，烟道要密封至大棚外排烟。

5. 远离污染区

大棚生产应远离塑料厂、磷肥厂、农药厂、水泥厂、化肥厂等污染地区，防止污水、污气、氟化物、重金属等侵染蔬菜，对生产区的水质、气体、土壤进行测定分析，选择无公害生产区域。

6. 补救措施

如发现大棚蔬菜遭受二氧化硫危害，及时喷 0.5%~1%碳酸钡、1%～2%石灰水、29%石硫合剂水剂或 0.5%合成洗涤剂溶液（洗衣粉水）。

7. 严格掌握烟熏剂用量

大棚内烟熏剂类农药过量,也会对蔬菜造成危害,尤其是高温、高湿条件下,受害更严重。

三、增施二氧化碳

自然状态下空气中的二氧化碳(简写为 CO_2)含量为 0.03%左右,不能完全满足光合作用需要,增加空气中的 CO_2 浓度,可有效地提高植物光合作用的强度和产量。在露地栽培条件下,气体条件难以控制,只是在栽培密度过大和植株长大封垄后,株行间空气流通缓慢,会出现 CO_2 补充速度赶不上光合作用消耗的需要。一般可合理安排栽植密度,及时除草、摘除基部病黄老叶以及高矮秆作物合理间作等方法,加速株行间的空气流动,达到及时补充 CO_2。温室、大棚等保护设施内 CO_2 的含量变化剧烈,特别是在寒冷季节通风换气很少,经常处于亏缺状态。温室大棚 CO_2 施肥始于瑞典、丹麦、荷兰等国家,20 世纪 60 年代英国、日本、德国、美国也相继开展了 CO_2 施肥试验,目前均进入生产实用阶段,成为设施栽培中的一项重要管理措施。我国近年来随着设施栽培面积不断扩大,CO_2 施肥也在推广应用中。

1. 施肥原理

CO_2 是光合作用所必要的物质基础,对作物生长发育起着与水肥同等的作用,被称为植物的粮食,通常每形成 1g 干物质需吸收 1.6g 左右 CO_2。在一天中夜间光合作用停止,是 CO_2 的累积过程,到黎明揭膜前,由于作物呼吸和土壤释放,棚内 CO_2 浓度比棚外大气中要高出 2～3 倍,通常会达到 700～1 000mg/kg。上午8:00以后,随着叶片光合作用的增强,CO_2 浓度逐渐降低,在密不透风的情况下,上午 9:00 达 300mg/kg 左右,11:00 降至 200mg/kg 以下,到中午前后浓度一般小于 100mg/kg,有时出现光合作用"午休"的现象。据测定,一般瓜菜作物 CO_2 饱和点是 1 000～

1 600mg/kg，光合速率在饱和点以下随 CO_2 浓度的增大而提高。但 CO_2 饱和点受作物品种及环境条件影响，从施肥时效和生产成本两方面考虑，生产中一般将 1 000mg/kg 作为施肥标准。

2. 施放方法

(1)通风换气法。强制通风或自然通风，可使设施内 CO_2 浓度迅速补充至自然状态下空气中 300mg/kg 左右。此法成本低、易操作，但易受外界气温限制，冬季使用有一定困难。并且 CO_2 浓度达不到光合作用最适浓度。

(2)土壤施肥法。通过向土壤施入可产生 CO_2 的各种肥料，如颗粒有机生物气肥，按一定间距均匀施入植株行间，施入深度 3cm，保持土壤湿润，相对湿度保持 80% 左右，利用土壤微生物发酵产生 CO_2。增施有机肥，有机肥在分解过程中要放出大量的 CO_2，据中国科学院农业现代化研究所测定，秸秆堆肥施入土壤后 5~6 天就可释放出大量 CO_2，平均能使温室内每天 CO_2 浓度达到 600~800mg/kg，前后维持近 30 天。浙江大学章永松教授科研团队研发的"利用农业有机废弃物生物发酵进行大棚 CO_2 施肥技术"，利用稻草秸秆、畜禽粪便和高效产气菌，制作的结构简单、操作简便、安全性高的实用型发生器，直接在大棚中通过生物发酵产生 CO_2 进行 CO_2 施肥。一次发酵能维持大棚全天 CO_2 浓度在 800μL/L 以上的持续时间达 20 天以上；同时利用发酵残渣在田间直接制作成生物有机肥，进行蔬菜平衡施肥和地力培肥，使土壤有益微生物群落得到恢复，明显减少因土壤退化引起的连作障碍。

该 CO_2 生物发生器装置简单(图 5-1)，花几十元成本可自己搭建：将 8 根直径为 8cm、长 1.1m 的毛竹，用铁丝扎成 0.8m× 0.8m 的底座，安放在菜地两畦之间，再用 4 根直径 5cm、长 1.5m 的毛竹，采用打桩的方法将无底的发酵袋(编织袋)固定在底座上，做成一个边长为 0.8m×0.8m、高为 1.2m 的发酵装置架，然后将浸透水的稻草、纯商品有机肥按厚度 10cm 和 2cm，再洒上特供的有效产气菌，如此重复铺 10 次，最后浇透水。第三天发酵堆温

图 5-1　施用二氧化碳肥

可达 60℃以上,通过生物发酵可不断释放出 CO_2,一般 1 亩大棚需安装 4 个发酵装置,有效发酵能持续 20 天左右,以后每隔 20 天加一次料,生产日常管理同常规。普遍反应对提高蔬菜产量和改善产品品质效果明显,并且发酵过程产生的热能可使大棚温度提高 1~2℃。

(3)生态法。与食用菌培养间作,利用菌料发酵过程中产生的 CO_2,发展种养一体棚室蔬菜生产模式,推广种、养、沼三位一体生物生态法,向作物提供简易且经济有效 CO_2。

(4)化学反应法。是一种利用强酸(硫酸、盐酸)与碳酸盐(碳酸钙、碳酸铵、碳酸氢铵)反应释放 CO_2 的方法,硫酸—碳铵法是目前应用最多的一种类型。具体操作方法是:先将工业用硫酸 1 份(按容积,下同)缓缓倒入 3 份水中,搅匀,冷至常温后备用。当需要补充和增加 CO_2 时,则将配好的稀硫酸倒入广口塑料桶内(桶内稀硫酸倒至 1/3~1/2 为宜,切勿倒满),再加入适量的碳酸氢铵后,桶内即产生大量气泡 CO_2 扩散到棚室内。使用一段时间后,如果稀硫酸桶内加碳酸氢铵后无气泡发生时,可将桶内废液用水稀释后作为液肥施用。此法的缺点是操作不便,可控性差,安全性差,操作不当会发生人身伤害与气体危害。

(5)燃烧法。通过煤或丙烷、丁烷、酒精和天然气等燃烧,经过滤除去二氧化硫等有害气体,获得较纯净的 CO_2,通过管道输入到设施内。施肥时通常要同时启动循环风机,使室内空气流动,避免形成静止空气层。但易污染环境,造成果实、叶片污点多,产品外观品质下降。

3. CO_2 气肥施用技术

从生育初期即可开始施用,果菜类作物坐果及果实膨大期是增施 CO_2 的最佳时期。不同季节施用 CO_2 时间不同,11 月至翌年 2 月在日出后 2 小时,3 月至 4 月中旬在日出后 1 小时,4 月下旬至 5 月在日出后 0.5 小时。育苗期一般要求在日出后 1.5 小时进行,从 3~5 片真叶开始,CO_2 施放浓度为 0.5ml/L,随着植株的生长可逐渐加大到 0.8ml/L,晴天按规定浓度持续施放 2 小时以上,阴雨天停止施放。一般情况下每日一次,操作完毕后立即闭棚 1.5~2 小时,然后放风。CO_2 的最适浓度在温、光、水、肥等较为适宜的条件下,一般果菜类为 1 000~1 500 mg/kg、叶菜类为 1 000mg/kg,光合速率最快。

注意事项。①要严格按照使用说明操作 CO_2 发生器,防止发生意外。硫酸腐蚀性强,稀释时千万不能把水直接倒入硫酸里,以免发生危险。反应后的残留物是硫酸铵,每天应收集起来,在确定无酸性后可作肥料使用。②设施栽培中不同的作物和生育期,其植株高度和叶面系数不同,应调节 CO_2 施肥量。在水肥充足、气温较高、光照较好的条件下,大温差管理可提高 CO_2 施肥效果。③施用时应保持棚室密闭状态,防止 CO_2 气体逸散至棚外。由于 CO_2 比空气重,应将 CO_2 发生装置或输气管道置于植株冠层位置,并采取多点施放保障均匀性。

第六节　温湿度管理

棚室设施利用防寒增温保温或遮光降温及防虫驱虫设备,人为改造局部范围内的光照、温度、湿度等小气候条件,在不适宜蔬菜生长发育的寒冷或炎热季节,创造一种有利于蔬菜生长发育的生产方法。与露地相比,棚室内小气候发生了显著变化,温度高、湿度大、光照前后不匀,白天光照增强,气温升高,湿度下降;夜间气温下降,湿度增大;为保温早盖草帘,但棚室内光照时间缩短。

棚室内的气温日变化趋势与露地相同,但昼夜温差变幅比外界大得多,晴天变化尤其剧烈,一般在晴天日出后 1~2 小时棚温迅速升高,7~10 时回升最快,不通风情况下每小时可升温 5~8℃,每日最高温出现在 12:00—13:00,比棚室外最高气温出现要早 1 小时;15:00 前后棚温开始下降,夜间气温缓慢下降,平均每小时降温 1℃左右,每天凌晨 6:00 左右(日出前 1 小时)棚内温度达最低。单层大棚棚内的最低气温一般比露地高 1~5℃,大多情况下高 3℃左右。

黄秋葵喜温怕寒,生长发育期适温白天宜保持在 25~30℃,夜里保持在 13~15℃以上。当气温 13℃、地温 15℃左右时,种子即可发芽;当月均温低于 17℃时,即影响开花结果;当夜温低于 14℃时,则生长缓慢,植株矮小,叶片狭窄,开花少落花多;当 8℃以下停止生长,在冬季遇灾害性天气需进行临时加温。进入结果期后随着外界升温,棚室内的温度有时会升得很高,要适时通风把气温控制在 35℃以下,夜间保持在 18℃以上,以利于果实膨大。

一、保温加温措施

棚室设施栽培在冬季和早春常采用一系列防寒保温和加温措施:

1. 封闭大棚,避免漏风

要经常检查棚膜,发现有破损处要立即用大棚黏合剂进行修补。下午适当提早封棚。

2. 棚内进行多层覆盖

主要有地膜覆盖、搭建中棚、小拱棚、加盖保温幕和草苫等方式。据观测在塑料大棚内套小拱棚,可使小拱棚内的气温提高2~4℃,地温提高1~2℃;加盖保温幕也可使黄秋葵苗附近的温度提高2℃以上,加盖一层厚3cm左右的草苫,可使小拱棚内的温度提高5℃以上,保温效果十分明显,但费用较大。

3. 棚外覆盖、围盖等

在大棚外覆盖塑料薄膜、草帘等,或在大棚四周立草苫、秸秆等,可使大棚四周的温度提高2~3℃或更高。

4. 挖防寒沟

防寒沟的具体挖法是:在大棚的内侧或外侧,沿棚边挖一条深40cm以上、宽30cm左右的沟,在沟内填入碎干草或马粪,上面盖干土封沟。由于防寒沟把大棚内、外的土壤分隔开来,减少了大棚内的土壤热量向外散失,从而有利于保持大棚内四周较高的地温和气温。

5. 遇极端低温冰冻气候

采用木炭、竹炭、蜡烛、固体酒精、煤球炉或柴油炉等火盆燃烧加温时,要千万注意安全。用火烧法提高棚内温度,效果虽然显著,但没有烟囱、烟道配套非常不安全! 在大棚内密闭的小环境内进行燃烧,极易因氧气不足、燃烧不充分产生大量一氧化碳,无色无味的一氧化碳被称为"隐形杀手",要严防对进出大棚的菜农(果农)、棚内蜜蜂和蔬菜中毒;燃烧时火焰大小与高低比较难调控,大棚薄膜又是易熔易燃材料,易引发棚膜烧洞甚至烧棚事故。对采用地热线、红外线加温灯(器)等加温,也应注意用电安全。

二、降温措施

当大棚内温度超过黄秋葵的生长适温时,就应该采取降温措施进行降温。常用的降温措施如下。

(1)通风降低大棚温度,通过揭膜、放下围膜等换气降温。

(2)在棚顶覆盖遮阳网,有明显降低气温和地温的效果,根据需要,可选用不同颜色和透光率的网,以达到较好的降温效果。常用的是覆盖黑色多孔的遮阳网。

（3）可在棚顶安装喷水装置,在棚温过高时,开启喷水系统,让水层顺棚膜流下,带走热量,降低棚温,也可在棚内安装喷雾装置,让雾化水珠汽化,降低棚温。或向棚面上喷洒白石灰水,利用白灰的反光作用,减少大棚的透光量,从而达到降温的目的。

三、湿度调控措施

棚室内外空气交换受到塑料膜阻碍,棚内土壤蒸发和叶面蒸腾的水汽难以发散,遇冷后凝结成水膜或水滴附着于薄膜内表面或植株上,相对湿度明显高于棚外。棚内相对湿度随着温度的升高而降低,白天在大棚通风情况下,棚内空气相对湿度为 70%~80%。阴雨天或灌水后可达 90% 以上,夜间常处于饱和状态。大棚内空气湿度过大,不仅直接影响蔬菜的光合作用和对矿质营养的吸收,而且还有利于病菌侵染和蔓延。常用调控湿度措施有:

（1）在白天中午进行通风,使室内外空气对流,将室内水气扩散出去,可以有效地降低棚内的相对湿度。如晴天中午气温超过 35℃,应逐渐加大通风口和延长中午前后放风时间,使温度保持在 28~30℃,空气相对湿度不高于 60%。

（2）采用膜下滴灌技术,并结合畦面、畦沟地膜覆盖等,减少地面水分蒸发,可以大幅度降低空气湿度(20%左右)。

（3）采用消雾无滴膜。可防止和消除棚内的雾气,比普遍无滴膜降低空气湿度 10%~12%,增加光照强度 20%~25%,升高地温和气温 2~3℃,从而大大减轻了病害的发生。

（4）阴雨天使用烟雾剂、粉尘剂防治病害,降低空气中的水气,收到一举两得效果。

第七节　植株调整管理

一、植株整理

植株整理是通过整枝、摘心、摘叶、疏花、疏果、搭架等操作,来调整营养生长和生殖生长。对分枝性强、易于枝蔓繁生的蔬菜,为控制其生长,促进果实发育,需人为调整每一植株的果枝数目。在整枝中除去多余的侧枝或腋芽称为"打杈"(或抹芽),除去顶芽、控制茎蔓生长称"摘心"(打顶)。

整枝方式与生长结果习性、栽培目的有关。黄秋葵(特别是矮株种)下部会有不少侧芽长出,若种植较密、苗足苗壮,侧枝过多会影响坐果,应及时抹去侧芽,以免消耗养分,并改善田间通风透光性;若株苗较稀,只需剪除部分弱小分枝,留下粗壮的,以增加结果枝。黄秋葵第1朵花下能抽生侧枝4~6枝,易造成营养生长过旺,应适时进行植株调整,一般可保留基部1~2个健壮分枝,多余分枝要及早抹除或采取扭叶措施,即将叶柄扭成弯曲状下垂,以控制营养生长。

进入开花结果后,植株出叶加快,应及时摘除无效老叶、残叶,以利通风透光。对植株中下部各节老叶也应及时摘除,一般可在底果下留2~3片叶,既能改善通风透光条件,减少养分消耗,又可防止病虫蔓延。此外,摘心也是植株调整的一项重要内容。以采收嫩果为目的的,应在主枝长到50~60cm高后摘心,促进上部侧枝结果,提高前期产量。

整枝最好在晴天上午露水干后进行,用剪刀剪除时留下一小段叶柄,做到晴天整、阴天不整,上午整、下午不整,以利整枝后伤口愈合。操作中也应考虑到病菌传染问题,剪除病叶后宜对剪刀做消毒处理,防止感染病害。据尹正红、杨丽琼、李荣琼等整枝留杈方法试验,试验结果表明,以主秆留2个、3个侧枝处理产量较高,亩产量达2 063.34~2 230kg。据张才松等报道,黄秋葵栽培中应注意摘花整枝打叶,摘果后的托叶要及时扭掉,以免消耗养分,植株下边的1至2个分枝也要摘除,这样可增加鲜果产量。

二、割茎再生

再生栽培技术最早于20世纪80年代应用在温室茄子上(朱超群,1989),通过割茎再生技术可以促进植株生长点的更新,节省育苗时间,降低种子成本,增加后期产量和整体的经济效益。据孙丽莉等黄秋葵刈割高度试验,以摘叶处理为对照,试验结果表明,黄秋葵如作为青饲料加工种植,叶片产量以刈割高度 30cm 处理最高,茎秆产量以刈割高度 45cm 处理最高,总产量以刈割高度 45cm 处理最高,为 79 155.60kg/hm^2。

刘勇等在海南三亚市,对 2013 年 11 月采用种子直播种植的台湾五福、绿羊角、东京五角、早生五角、黄秋葵 1 号、黄秋葵 2 号等 6 个冬种黄秋葵,在 2014 年 3 月 24 日上午进行割茎再生处理,并对其产量、外观、品质等进行检测。结果表明:割茎后到始收仅需要 13~18 天,其中早生五角为 13 天,台湾五福需 15 天;冬种黄秋葵在早春割茎后,可以连续采摘至炎热的夏季,从而达到 1 次播种多次采收的效果。割茎再生后的果实产量以台湾五福最高、东京五角次之;果实性状、品质及经济效益以台湾五福最好,每亩纯收益增加 8 800~9 750 元,日均收益达 62.0~68.7 元。

割茎再生技术是在黄秋葵采摘末期,或者是自然封顶后,或者在市场价低谷时段,对黄秋葵进行割茎以促使其再生。具体方法是在主茎的基部保留 10cm 高,其余用刀全部割去。要求刀锋利,切口平滑,不能拉丝起毛,将割下的茎连同落叶、杂草及时清离田地。为了减少病害的侵染,割茎时间必须选在晴天早上,待露水干后进行。割茎后,每亩追施三元素复合肥(N∶P∶K = 15∶15∶15)10~15kg 和尿素 3~4kg。如果地块未采用滴灌,则先施肥后开沟或挖穴的方法进行浇水,保持土壤湿润。

宁波奉化绿苑果蔬专业合作社在 2015 年进行了割茎再生试验(图 5-2),当年大棚黄秋葵 2 月 7 日育苗、3 月 30 日移植,5 月 12 日起开始采摘。8 月 16~17 日对其中 3 只大棚内黄秋葵,保留基部距畦面 3~4 节的主茎及其侧枝外,其余部分剪除,之后每亩施三元复合肥 10kg 并进行灌水。9 月 7 日开始恢复正常采摘。

图5-2　黄秋葵割茎处理

三、化控调节

1. 防止落花落果

冬季或早春设施栽培由于受低温的影响,以及缺乏授粉昆虫等原因,容易落花落果,需要用坐果激素对花朵进行人工处理。防落素(PCPA,又称番茄灵)对植物茎叶的危害轻,主要用来防止落花落果,适用浓度为50~60mg/L,为提高效率,一般在花半开时或花穗的半数花开放时进行喷花。也可用2,4-D 20~25mg/L涂抹柱头刺激结果提高坐果率,但2,4-D对温度特别敏感,生产中常出现同一浓度在同一天的早、中、晚表现结果不一样的现象,稍不注意就会产生药害(造成畸形果)。

2. 防止旺长

黄秋葵徒长原因是多方面的,如氮肥过多会造成黄秋葵茎叶生长旺盛,叶大叶薄,叶柄长,开花结果延迟,坐果节位升高,花器小,出现营养生长抑制生殖生长,进而导致只长叶不开花、只开花不结果的徒长现象。如种植过密,互相遮挡则生长不良,会影响黄秋葵的产量;如连遇阴雨天,植株易出现徒长,从而造成落花落蕾严重,结果少。若日照时间太长(每天光照达到 16 小时以上),则会导致不孕蕾的节位增加,造成产量降低。

为防止秋葵旺长,一般在肥水管理上要控施氮肥,增施磷钾肥。在植株管理上可打顶抹芽,破坏黄秋葵的顶端优势,促进侧枝发展;如果徒长太厉害了,可断根断水,减缓养分的吸收。同时,在苗期、开花结荚期使用缩节胺、矮壮素、烯唑醇、多效唑等植物生长调节剂,可有效控制植株徒长,促进植株营养生长转为生殖生长,进而提高开花坐果率。

第八节　采　收

黄秋葵要适时采收,采收过早产量不高;采收过晚,果荚老化,肉质老化纤维增多,商品性和食用价值变差。

一、采收标准

采收标准是嫩果应硬韧、色绿、鲜亮,种粒开始膨大但无老化迹象。一般在花谢后 3~5 天开始采收。第一果采收后,初期每隔 2~4 天收一次,随温度升高,采收间隔缩短。7—8 月盛果期,每天或隔天采收一次。9 月以后,气温下降,3~4 天采收一次。

二、采收方法

采收人员要穿长裤和长袖衫,并戴手套,防止手、腿刺痛;采收时要用剪子轻剪,将黄秋葵从果柄处剪下,切勿用手生拉硬扯,以防损伤植株和人身伤害。注意采收时不要漏剪,如漏采或迟采,不仅单果老、质量差、影响食用和加工,而且影响其他嫩荚的生长发育。

三、采后保鲜

黄秋葵嫩荚果呼吸作用强,采后极易发黄变老,采后要立即送加工厂或市场销售,隔夜的嫩荚外观和品质都会受到影响。如

不能及时食用或加工,应注意保鲜,即将嫩荚装入塑料袋中,于4~
5℃流动冷水中,经10分钟冷却到10℃左右时,再贮于7~10℃环
境下,保持95%的相对湿度,可保鲜7~10天。远销外地的嫩果,
必须在早晨剪齐果柄,装入保鲜袋或塑料盒中,再轻轻放入纸箱或
木箱内,尽快送入0~5℃冷库预冷待运。如嫩荚发暗、萎软变黄
时,不可再贮藏。

四、留种

现在种业公司销售的一代杂交种,具有双亲的综合优势,但第
二代开始便产生性状分离现象,生长不一致,杂交优势减退,产量
降低,因此杂交种子生产上只能用一年,不可继续留种。也有个别
商家出于商业利益的考虑,在种子包装上故意标注不可留种等字
样,其实是可以留种的。还有一类常规种,通常就是自留种,多代
自交而来,一般不同代之间差异不大。

黄秋葵留种地要建立安全隔离区。在大田中选择具有本品种
特征的优良单株做种株,供给充足的肥水促进生长,当株高1.5m
摘心,使营养集中供果实和种子需求,促进种子饱满。留种果以选
择健壮的、果形均匀、无病虫害的植株中上部的果实为宜。为避免
抑制生长和降低产量,早期结的下部果实不要留种;顶部果荚难以
充分成熟,即使成熟充分籽粒也不饱满。

当果实开始变褐色、外壳接近干黄,蒴果出现有裂沟时,说明
果实与种子都已经成熟,用剪刀剪下即可。待果荚完全晒干,剥开
果皮取出种子,每个果荚有90~100粒种子,种子晒两天后精选、
贮藏。因黄秋葵种子易丧失生活力,所以最好放在冷库中贮存,这
样第二年可保持95%左右的发芽率。

第六章　黄秋葵病虫害防治

第一节　病虫害绿色防控

黄秋葵在我国南北都可以种植,随之是病虫害的发生也带来了多样性。黄秋葵虽则抗性较强,一般不易发生病虫害的较大危害,但据中国农业科学院特产研究所、福建省农业科学院及其他省区提供的资料,综合各地黄秋葵病虫害的发生情况,病害与虫害也是种类繁多,凡为害叶菜类、果菜类的病害与虫害,黄秋葵都同样会受到侵害。

病虫害绿色防控是根据"预防为主、综合防治"的植保方针,结合现阶段植物保护的现实需要和可采用的技术措施,采用农业防治、物理防治、生物防治、生态调控以及科学、合理、安全使用农药,达到有效控制病虫害,确保农作物生产安全、农产品质量安全和农业生态环境安全,促进农业增产、增收的目的。黄秋葵病虫害绿色防控,是确保黄秋葵产品安全、优质无污染的重要环节,是促进黄秋葵标准化生产、提升质量安全水平的必然要求,是持续控制病虫害、保障生产安全的重要手段,是降低农药使用风险、保护生态环境的有效途径。在生产中把杀虫灯、性诱剂、色板、防虫网和药剂的使用有机结合,既可以提高病虫害的防治效果,又可以减少化学农药的使用次数和使用量,还能提升蔬菜质量,保护生态环境。病虫害绿色防控技术包括以下四方面措施:

一、农业防治

农业防治是指通过一系列农业技术措施,优化生态环境,创造有利黄秋葵生长发育而不利于有害生物发生与危害的一种防治方法。农业防治措施包括 5 个方面.

1. 选用抗病品种

黄秋葵不同品种对病害的抗性也有不同,应在满足市场适销情况下,通过试验选择抗性强的品种为主栽品种。

2. 合理轮作

轮作能减轻病虫害的原理是利用了作物间病菌生理小种及害虫择食性不一致的特点,实行合理轮作不仅能提高作物本身的抗逆能力,而且能够使潜藏在地里的病源物经过一定期限后大量减少或丧失侵染能力。黄秋葵轮作方式有两类:一是与不同蔬菜进行轮作;二是与粮食作物之间进行水、旱轮作。同时,合理轮作还要正确地选择前茬作物,黄秋葵不宜与锦葵科作物接茬。

3. 培育壮苗

选择粒大、饱满的种子和营养充足的土壤或基质育苗,认真对种子、土壤、基质进行消毒。精作苗床、适时播种、及时间苗除草、中耕培土、去弱留强。加强水肥气热光管理调控、病虫害防治,适时蹲苗炼苗。选择茎节粗短、根系发达、无病虫为害、均匀一致、叶片大而厚、叶色浓绿的壮苗定植。

4. 清洁环境

及时清理各种农业生产废弃物,改善田园生态环境。播种、定植前彻底清除前茬作物的残枝败叶及田埂、沟渠、地边杂草等病虫寄主。生产过程中应及时摘除病枝、残叶、病果,虫株残体,拔除中心病株,消除病(虫)源及病虫害孳生场所,清理田园中的农药瓶、肥料袋、废旧农膜等农业生产垃圾,改善田园生态环境。

5. 冬耕深翻

通过翻耕借助自然条件如低温、太阳紫外线等,杀死部分土传病菌,破坏病虫生存环境的一种方法。冬耕深翻可以使潜伏在土壤中的地下害虫如蛴螬、地老虎、蝼蛄等幼虫、蛹、卵等遭受机械损伤,暴露在地表后又可以使其被鸟类等天敌啄食,必要时还可人工捕杀。另外,深翻可以将土壤表层的病原物埋入深土层,深土层中的病原物被翻到地面,破坏了病虫的适生环境。

二、物理防治

1. 防虫网覆盖

防虫网是以优质聚乙烯为原料,经拉丝织造而成,形似窗纱,具有抗拉强度大、抗热、耐水、耐腐蚀、无毒、无味等优点,其防虫原理是采用人工构建的隔离屏障,将害虫拒之于网外,达到防虫保菜之目的。另外,防虫网的反射、折射光对害虫还有一定的驱避作用。

在夏秋季黄秋葵害虫大发生或上代成虫产卵之前,采用防虫网全程覆盖,能有效地隔离小菜蛾、斜纹夜蛾、甜菜夜蛾、菜青虫、黄曲条跳甲、猿叶甲、蚜虫等多种害虫,可不用或少用农药。防虫网覆盖前须清理田间杂草,清除枯枝残叶,在播种或移栽前用药剂进行土壤处理,尽可能地减少地下害虫的发生,切断害虫的传播途径。整个生长期要将防虫网四周压实封严,防止害虫潜入产卵繁殖为害。大棚及小拱棚栽种还要注意避免黄秋葵叶片紧贴防虫网,以防网外害虫取食产卵于菜叶带来为害,同时还必须随时检查在网上有无害虫产卵,以免孵化后潜入网内为害。防虫网的目数不宜过大,一般裙边用 20～22 目的银灰色防虫网的覆盖,顶部采用大棚膜防雨方式较为实用。

2. 诱杀技术

根据害虫趋光、趋波、趋色、趋性、趋味的特性,利用光、波、色、性、饵将害虫诱到一处集中杀灭。从黄秋葵苗期和定植开始,持续不间断地诱杀害虫,既能及时监测田间害虫数量变动,又可避免和减少使用杀虫剂,对环境安全,并有利于害虫的天敌生长。常用的诱杀方法有:

(1)灯光诱杀。用白炽灯、黑光灯、高压汞灯等灯光诱杀有趋光性的害虫,已有较长的历史,近年开发的频振式杀虫灯利用了害虫较强的光、波、色、味的特性,将光波设在特定的范围内,近距离用光,远距离用波,加以色和味引诱成虫扑灯,灯外配以频振高压电网触杀,使害虫落袋,达到降低田间落卵量,压缩虫基数之目的。试验研究表明,频振式杀虫灯对多种黄秋葵害虫有很好的诱杀效果,涉及 17 科 30 多种,诱杀到的害虫主要有斜纹夜蛾、甜菜夜蛾、银纹夜蛾、猿叶甲、黄曲条跳甲、象甲、金龟子、飞虱等,但对天敌如草蛉、瓢虫、隐翅虫、寄生蜂等也有一定的杀伤力,但诱杀到的天敌数量显著低于高压汞灯、黑光灯。目前使用较普遍的是佳多 PS-Ⅱ型普通灯,一般每 3~4hm² 菜田设置 1 盏杀虫灯,以单灯辐射半径 120m 来计算控制面积,将杀虫灯吊挂在固定物体上,高度应高于农作物,以 1.3~1.5m 为宜(接虫口的对地距离)。

(2)性信息素诱杀。主要通过大量诱杀害虫雄蛾,破坏害虫种群的正常雌雄性别比,同时雄蛾长时间处于高浓度性信息素刺激下,无法正确定位性成熟的雌蛾(迷向效应),干扰害虫的正常交配活动,从而降低了雌蛾的交配概率、减少落卵量及有效卵量(受精卵),达到控制害虫种群的目的。性信息素是一种定向诱杀害虫,具有防治对象专一,保护天敌,对人类无害的优点,能有效地降低虫口密度、减少农药使用量,当前大面积推广应用的有斜纹夜蛾、甜菜夜蛾、小菜蛾等三种性诱剂。每亩在田间设置专用诱捕器 2 个,每个诱捕器内放置性诱剂 1~2 枚(根),间隔 40m 左右,诱捕器底部接口外接可乐瓶或塑料袋等作为贮虫设备,距离作物顶部 20cm 左右。瓶(袋)中灌适量肥皂水,定期检查诱蛾量并及时清洁。

(3)色胶板诱集。目前广泛应用的有黄色粘虫板和蓝色粘虫板,将黄板或蓝板涂上机油(或凡士林等),置于高出植株 30cm 处,黄板诱杀蚜虫、白粉虱、斑潜蝇、蓟马等"四小害虫",蓝板诱集棕榈蓟马。据研究,不同周长的黄板对白粉虱和斑潜蝇的诱集量是有影响的,一般集中在粘虫板的边缘,板的中间较少,如同样面积将粘虫板做成长条状,诱虫效果比方形更好。

(4)糖醋毒液诱蛾。利用害虫的趋化性,配制适合某些害虫口味的有毒诱液,诱杀害虫。当前应用较广的为糖醋毒液,通常的配方比例为糖∶醋∶酒∶水=3∶4∶1∶2,加入液量5%的90%晶体敌百虫。把盛有毒液的钵放在菜地里相对比较高出的土堆上,每亩放糖醋液钵3只,白天盖好,晚上打开,诱杀小地老虎等。

3. 太阳能高温消毒

在夏季高温休闲季节,利用高温闷棚或较长时间覆盖塑膜,通过太阳能来提高土壤温度,藉以杀死土壤中的害虫和病原微生物。高温闷棚结合石灰氮消毒技术,每亩均匀撒施石灰氮50~80kg,麦秸、稻草(铡成小段)等未腐熟的有机物1~2吨,深耕两遍使石灰氮、有机物与土壤混合均匀,用透明薄膜或无破损旧膜将土壤表面完全封闭,从薄膜下往田间灌满水,大棚温室密闭棚膜,使棚内最高温度达50~70℃,持续15天左右。消毒完成后揭膜通风,翻耕土壤整地作畦。

4. 铺设悬挂银光膜等驱避

可采用铺盖银灰色地膜、在棚室放风口处或种植行道间悬挂银灰色膜条的办法,驱避迁飞蚜虫,对降低蚜虫虫口密度和减轻病毒病有一定的效果。

5. 人工防治

根据斜纹夜蛾多产卵于叶背、叶脉分叉处和初孵幼虫群集取食的特点,在农事操作中摘除有卵块和幼虫群集的叶片集中处理,可以大幅度降低虫口密度。

三、生物防治

生物防治是蔬菜病虫害绿色防控技术的重要组成部分,它根据种群竞争、捕食、寄生等负相互作用,每种生物在自然界都有其天敌的生物学原理,利用一种生物种群压制另一种群,使其不能达到危害作物经济收益的种群密度,包括以虫治虫、以菌治虫、以菌治菌、性信息素治虫、转基因抗虫抗病、以菌治草等,可以取代、减少部分化学农药的应用,且不污染蔬菜和环境,有利于保持生态平衡。

1. 保护和利用天敌

蔬菜害虫的主要天敌有瓢虫、草蛉、食蚜蝇、猎蝽、蜘蛛等捕食性天敌,和赤眼蜂、丽蚜小蜂等寄生性天敌。瓢虫可防治蚜虫、红蜘蛛等,草蛉可防治蚜虫、白粉虱、蓟马等,丽蚜小蜂可防治小菜蛾等,此外还有少量的昆虫病原线虫和昆虫病原微生物。在昆虫和螨类天敌中,寄生蜂、瓢虫、捕食螨和钝绥螨属或新小绥螨属的天敌在种类上占绝对优势,商品化天敌中占总产值80%以上用在温室蔬菜和花卉上,其中应用最多的是温室丽蚜小蜂,约占整个天敌市场销售额的 25%,其次是智利小植绥螨和胡瓜新小绥螨,各占 12%。

目前世界上有 180 种以上昆虫天敌实现产业化,天敌昆虫生产商超过 100 家,主要位于欧洲和美洲。在欧洲,有 125 种天敌被大量生产、运输和释放。全世界比较大的生产商如荷兰的 Koppert Biological Systems 公司、比利时的 Biobest 公司,两家公司在世界多地设有分公司或销售商。此外有一定规模的还有德国、英国、以色列、和澳大利亚的天敌公司。

2. 利用生物源、植物源农药,减轻对天敌的影响

选用苦参碱、印楝素、茴蒿素、烟碱、鱼藤酮、藜芦碱、除虫菊类等植物源农药,细菌类如苏云金杆菌(Bt)、枯草芽孢杆菌、10、球形芽孢杆菌、地衣芽孢杆菌、蜡质芽孢杆菌、荧光假单胞杆菌等,真菌类如白僵菌、绿僵菌、木霉菌、淡紫拟青霉、蜡蚧轮枝菌等,病毒类如银纹夜蛾核多角体病毒(NPV)、甜菜夜蛾核多角体病毒、小菜蛾颗粒体病毒、棉铃虫核型多角体病毒、菜青虫颗料体病毒、苜蓿银纹夜蛾核型多角体病毒等,以及生物复合病毒杀虫剂苏云金杆菌+昆虫病毒、井冈霉素+蜡质芽孢杆菌等微生物农药,阿维菌素、甲氨基阿维菌素、多杀菌素(多杀霉素)、浏阳霉素、井冈霉素、农抗120、春雷霉素、多抗霉素、宁南霉素、农用链霉素、中生霉素、氨基寡糖素、菇类蛋白多糖、嘧啶核苷类抗菌素等抗生素类农药,可有效防治蔬菜害虫,且对天敌的影响较少,有利于保护和利用

天敌。

四、化学防治

化学农药仍是目前防治病虫害最常用有效的方法,具有防治效果好、收效快、使用方便、受季节性限制较小、适宜于大面积使用等优点。但由于过度依赖化学农药,重治轻防现象普遍,施药时间和方法不够科学,安全间隔期把关不严,造成较为严重的农药残留超标和生态环境污染。

我国在农药生产使用领域,已先后颁布了国务院《农药管理条例》、农业部《农药管理条例实施细则》、《农药合理使用准则》(GB 8321)、《农药安全使用规定》(GB 4285—89)以及农业部等五部委关于《蔬菜严禁使用高毒农药确保人民食用安全的通知》等法规文件,明确规定了蔬菜产区严禁使用高毒、高残留农药,任何农药产品都不得超出农药登记批准的使用范围使用。《食品安全法》规定禁止将剧毒、高毒农药用于蔬菜、瓜果、茶叶和中草药材等国家规定的农作物;违法使用剧毒、高毒农药的,除依照有关法律、法规规定给予处罚外,由公安机关依照规定给予拘留。最高人民法院、最高人民检察院《关于办理危害食品安全刑事案件适用法律若干问题的解释》(以下简称《司法解释》),于2013年5月4日起施行,《司法解释》将食用农产品纳入食品范畴,将生产、加工、种植、养殖、销售、运输、贮存等食品生产经营的全链条纳入法律规范,对农药违法定罪量刑作出新规定:禁限用农药属于"有毒、有害的非食品原料",对使用禁用农药、超限量或超范围滥用农药构成犯罪的依照《刑法》处罚。修订后的《农药管理条例》自2017年6月1日起施行,其中第三十四条规定"农药使用者应当严格按照农药的标签标注的使用范围、使用方法和剂量、使用技术要求和注意事项使用农药,不得扩大使用范围、加大用药剂量或者改变使用方法。农药使用者不得使用禁用的农药。标签标注安全间隔期的农药,在农产品收获前应当按照安全间隔期的要求停止使用。剧毒、高毒农药不得用于防治卫生害虫,不得用于蔬菜、瓜果、茶叶、菌类、中草药材的生产,不得用于水生植物的病虫害防治"。

但是对种类繁多、局部种植、面积不大的小宗作物,据不完全统计我国常见小宗作物有 150 种,涉及的病虫害超过 600 种,其中需要防治的病虫害超过 200 种,登记农药为"零记录"有几十种,登记用药短缺问题突出。究其原因,因登记试验费用比较高,而产品的销量又很少,经济上"得不偿失",国内外农药生产企业往往不愿意花费时间和金钱,在小宗作物上进行田间试验和农药登记。黄秋葵与其他小宗农作物一样,目前也处于"无登记农药可用"状况。严格的法律法规条文规定,没有合法登记农药可用的现实局面,而实际生产上却是不得不用并且是几十年来一直都在使用农药,小宗作物的用药难题其实也不过是小媳妇没得到公婆的认同罢了。

据农业部《用于农药最大残留限量标准制定的作物分类》(第 1490 号公告),公告中以作物形态学、栽培措施、种植规模为参考,重点考虑作物可食用部位的农药残留分布情况,把具有相同残留行为特征的作物归为一类,选取其中残留量高、消费量大的作物为该类别的代表作物,将黄秋葵与茄子、辣椒、甜椒、酸浆等归为茄果类中的其他茄果类。另据农业部《无公害食品多年生蔬菜》《绿色食品多年生蔬菜》标准,均将黄秋葵与芦笋、百合、菜用枸杞、襄荷、菜蓟、食用大黄、辣根等鲜食多年生蔬菜归为多年生蔬菜。据此分析,黄秋葵既然产后归类于其他茄果类和多年生蔬菜,那么在生产过程中参照其他茄果类和多年生蔬菜进行用药,在无登记农药可用的客观情况下也未尝不可。目前,各地对小宗作物没有登记农药可用的客观现状,正在采取一些补充认可措施,可按当地省市农业部门发布的蔬菜瓜果病虫草害防治药剂推荐名单,选用对症对口的药剂,合理用药并严格遵守农药安全间隔期。

1. 禁止生产销售和使用的农药名单(42 种)

六六六、滴滴涕、毒杀芬、二溴氯丙烷、杀虫脒、二溴乙烷、除草醚、艾氏剂、狄氏剂、汞制剂、砷类、铅类、敌枯双、氟乙酰胺、甘氟、毒鼠强、氟乙酸钠、毒鼠硅、甲胺磷、甲基对硫磷、对硫磷、久效磷、磷胺、苯线磷、地虫硫磷、甲基硫环磷、磷化钙、磷化镁、磷化锌、硫线磷、蝇毒磷、治螟磷、特丁硫磷、氯磺隆、福美胂、福美甲胂、胺苯磺隆单剂、甲磺隆单剂(38种)。百草枯水剂自2016年7月1日起停止在国内销售和使用,胺苯磺隆复配制剂、甲磺隆复配制剂自2017年7月1日起禁止在国内销售和使用,三氯杀螨醇自2018年10月1日起,全面禁止三氯杀螨醇销售、使用。

2. 限制使用的农药(25种)

氧乐果禁止在甘蓝和柑橘树上使用(1种)。甲拌磷,甲基异柳磷,内吸磷,克百威(呋喃丹),涕灭威,灭线磷,硫环磷,氯唑磷,禁止在蔬菜、果树、茶叶和中草药材上使用(8种)。三氯杀螨醇、氰戊菊酯禁止在茶树上使用(2种)。丁酰肼(比久)禁止在花生上使用(1种)。氟虫腈除卫生用、玉米等部分旱田种子包衣剂外,禁止在其他方面使用(1种)。水胺硫磷禁止在柑橘树上使用,灭多威禁止在柑橘树、苹果树、茶树和十字花科蔬菜上使用,硫丹禁止在苹果树和茶树上使用,溴甲烷禁止在草莓和黄瓜上使用(4种)。杀扑磷禁止在柑橘树使用(1种)。毒死蜱和三唑磷禁止在蔬菜上使用(2种)。溴甲烷、氯化苦登记使用范围和施用方法变更为土壤熏蒸,撤销除土壤熏蒸外的其他登记。2,4-滴丁酯不再受理、批准2,4-滴丁酯(包括原药、母药、单剂、复配制剂,下同)的田间试验和登记申请;不再受理、批准2,4-滴丁酯境内使用的续展登记申请。保留原药生产企业2,4-滴丁酯产品的境外使用登记,原药生产企业可在续展登记时申请将现有登记变更为仅供出口境外使用登记。氟苯虫酰胺自2018年10月1日起,禁止在水稻作物上使用。克百威、甲拌磷、甲基异柳磷自2018年10月1日起,禁止在甘蔗作物上使用。磷化铝应当采用内外双层包装。外包装应具有良好密闭性,防水防潮防气体外泄。自2018年10月1日起,禁止销售、使用其他包装的磷化铝产品。

3. 科学合理使用化学农药

（1）掌握病虫发生规律，对症下药、适时用药。加强预测预报工作，及时掌握病虫的发生规律，达到防治指标时适时用药防治。鳞翅目害虫以低龄若虫发生高峰期、病害以发病初期防治效果较好。根据不同病虫选择相应的农药品种，既要有效控制有害生物的发生与为害在经济允许水平以下，又要考虑对天敌、环境、作物品质的影响，尽可能选择副作用小的农药品种。

（2）规范施药技术，安全用药。根据不同病虫的发生规律，选用科学的施药方法，如防治地下害虫、苗期土传病害，可用相应农药品种拌土撒施；叶片病虫害以喷雾法效果较好；保护地可采用烟熏法防治等。另外，要结合农药的特性，选择合理的施药时期、用药方法，如辛硫磷、阿维菌素易引起光解，应选择傍晚或阴天施用。要严格掌握农药的使用浓度和剂量，使用次数，遵守农药的安全间隔期。

（3）病虫害抗性的预防和治理。由于同一种农药长期多次使用、增量使用会导致抗药性产生，提倡不同类别、作用机制不同的农药交替、轮换使用，如杀虫剂中菊酯类、有机磷类、氨基甲酸酯类、有机氮类之间的轮换使用，杀菌剂中代森类、无机硫类、铜制剂等轮换使用。采用作用方式不同和机制不同的药剂科学合理混用，也是延缓抗性产生的最有效方法，对已产生抗药性的病害虫应采取药剂轮换、使用增效剂或停用该类药剂等措施。

第二节　主要病虫害防治

一、主要虫害

1. 棉大卷叶螟

棉大卷叶螟又名包叶虫，为鳞翅目螟蛾科害虫。

（1）为害症状。1~2龄幼虫在叶背取食叶肉残留表皮，3龄开始吐丝将叶片卷成叶苞，隐藏于叶内取食，幼虫老熟后在卷叶内化蛹。一般 1 个叶苞仅有 1 头幼虫,但有时数头幼虫同在 1 个叶苞内取食,叶苞取食完后可重新结苞为害。

(2)形态特征。成虫体长 10~14mm,翅展 22~30mm,淡黄色,头、胸部背面有 12 个棕黑色小点排列成 4 行;腹部各节前缘有黄褐色带,触角丝状。前、后翅外横线、内横线褐色,呈波纹状,前翅中室前缘具"OR"形褐斑,在"R"斑下具一黑线,缘毛淡黄;后翅中室端有细长褐色环,外横线曲折,外缘线和亚外缘线波纹状,缘毛淡黄色;卵扁椭圆形,长 0.12mm,宽 0.09mm,初产乳白色,后变浅绿色;幼虫末龄幼虫体青绿色,有闪光,长约 25mm,化蛹前变成桃红色,全身具稀疏长毛,胸足、臀足黑色,腹足半透明。蛹长 13~14mm,红褐色,细长。

(3)发生规律。长江流域 4~5 代,华南 5~6 代,以末龄幼虫在落叶、树皮缝、田间杂草根际处越冬。生长茂密的地块,多雨年份发生多,成虫有趋光性。

(4)化学防治。在幼虫初孵聚集为害尚未卷叶时,亩用 24%氰氟虫腙悬浮剂 800~1 000 倍液,或用 25g/L 多杀霉素悬浮剂 1 000~1 500 倍液,或用 240g/L 甲氧虫酰肼悬浮剂 2 000 倍液,或用 10%虫螨腈悬浮剂 1 000~1 500 倍液,或用 15%茚虫威悬浮剂 3 000 倍液等喷雾,防治指标为百株低龄幼虫达 30~50 头,兼治甜菜夜蛾、斜纹夜蛾等害虫,防治间隔期 7~10 天,重发生年连续防治 3 次。

2. 棉铃虫

为鳞翅目夜蛾科害虫。

(1)为害症状。低龄幼虫取食叶片,造成孔洞。3 龄后幼虫钻入蒴果内取食种子,造成蒴果脱落或腐烂。

(2)形态特征。成虫:灰褐色中型蛾,体长 15~20mm,翅展 31~40mm,复眼球形,绿色。雌蛾赤褐色至灰褐色,雄蛾青灰色。前翅,外横线外有深灰色宽带,带上有 7 个小白点,肾纹,环纹暗褐色。后翅灰白,沿外缘有黑褐色宽带,宽带中央有 2 个相连的白斑;卵半球形,高 0.52mm,宽 0.46mm,顶部微隆起;表面布满纵横纹;幼虫有 6 龄,有时 5 龄,老熟 6 龄虫长约 40~50mm,头黄褐色有不明显的斑纹,幼虫体色多变有淡红、黄白、淡绿、深绿等色;蛹长 17~20mm,纺锤形,赤褐至黑褐色,腹末有一对臀刺,刺的基部分开。入土 5~15cm 化蛹,外被土茧。

(3)发生规律。长江流域年发生 4~5 代,以滞育蛹在土中越冬。第 1 代主要在麦田为害,第 2、3、4 代幼虫开始为害黄秋葵,造成受害植株花、果大量脱落,对黄秋葵产量影响很大。第 4、5 代幼虫除为害黄秋葵或棉花外,有时还为害玉米、花生、豆类、蔬菜和果树等。幼虫有转株为害的习性,转移时间多在夜间和清晨,这时施药易接触到虫体防治效果好。另外土壤浸水能造成蛹大量死亡。

(4)化学防治。在卵孵化盛期,亩用 15% 茚虫威悬浮剂 20ml,或用 45% 甲维·虱螨脲水分散粒剂 30~40g,或用 60g/L 乙基多杀菌素悬浮剂 20~40ml 对水,或用 25% 灭幼脲悬浮剂 1 500 倍液均匀喷雾,每次间隔 5~7 天,连续施药 2~3 次。

3. 斜纹夜蛾

属鳞翅目夜蛾科,全国各地均有分布。

(1)为害症状。低龄幼虫常群集在叶背剥食叶肉,3 龄分散为害,具有背光性,白天钻入土中或在枯枝落叶下隐藏,傍晚至清晨爬上植株为害。4 龄后食量大增,可将全株叶片食光,仅剩主脉;幼虫还可啃食幼蕾和蒴果果肉。

(2)形态特征。成虫体长 16~27mm,翅展 33~46mm。头、胸及前翅褐色。前翅略带紫色闪光,有若干不规则的白色条纹,内、外横线灰白色、波浪形,自内横线前端至外横线后端,雄蛾有一条灰白色宽而长的斜纹,雌蛾有 3 条灰白色的细长斜纹,3 条斜纹间形成 2 条褐色纵纹。后翅灰白色。腹末有茶褐色长毛;卵半球形,初产黄白色,孵化前紫黑色。卵块产,上覆成虫黄色体毛;幼虫:老熟幼虫体长 38~51mm。头部黑褐色,胸腹部颜色变化较大,呈黑色、土黄色或绿色等。中胸至第九腹节背面各具有近半月形或三角形的黑斑 1 对,其中第一、七、八腹节的黑斑最大。中后胸的黑斑外侧有黄白色小圆点;蛹:长 18~23mm,示褐色至暗褐色。第四至第七节背面近前缘密布小刻点,腹末有臀棘 1 对。

(3)发生规律。1 年可发生 5~8 代,成虫喜在黄秋葵背面产卵。初孵幼虫群集叶背啃食,仅留上表皮,2 龄后分散为害,5 龄后进入暴食期。幼虫 6~8 龄,历期 11~20 天不等。幼虫有假死和避光习性。高龄幼虫白天多躲在背光处或钻入土缝中,夜间活动取食。老熟幼虫入土化蛹。

(4)化学防治。防治适期在卵孵高峰至 3 龄幼虫分散前,一般选择在傍晚后施药,均匀喷雾叶面及叶背。可亩用 5%氯虫苯甲酰胺悬浮剂 45~55ml,或用 0.5%依维菌素乳油 40~60g,或用50%丁醚脲可湿性粉剂 2 000~3 000倍液,或用 240g/L 甲氧虫酰肼悬浮剂 3 000倍液,或用 300 亿 PIB/g 斜纹夜蛾核型多角体病毒可湿性粉剂 8 000~10 000倍液,生产中可根据需要轮换选择使用。

4. 蚜虫

蚜虫为同翅目蚜科害虫,俗称腻虫,是黄秋葵主要害虫之一。

(1)为害症状。以成虫和若虫群集在叶心、嫩茎、嫩果上取食汁液,造成叶片褪绿、变色、卷曲;硕果毛茸变黑,扭曲畸形;顶芽停止生长,植物矮化,还可分泌蜜露,导致煤污病。

(2)形态特征。无翅胎生雌蚜体长不到 2mm,身体有黄、青、深绿、暗绿等色。触角约为身体一半长。复眼暗红色。腹管黑青色,较短。尾片青色。有翅胎生蚜体长不到 2mm,体黄色、浅绿或深绿。触角比身体短。翅透明,中脉三岔。卵初产时橙黄色,6 天后变为漆黑色,有光泽。卵产在越冬寄主的叶芽附近。无翅若蚜与无翅胎生雌蚜相似,但体较小,腹部较瘦。有翅若蚜形状同无翅若蚜,二龄出现翅芽,向两侧后方伸展,端半部灰黄色。

(3)发生规律。年发生 10~30 代,以卵在越冬寄主上越冬。翌年春季越冬寄主发芽后,越冬卵孵化为干母,孤雌生殖 2~3 代后,产生有翅胎生雌蚜,4—5月迁入黄秋葵栽植地,为害刚出土幼苗,随之在寄主田繁殖,5—6月进入为害高峰期,6月下旬后蚜量减少,但干旱年份为害期多延长。大雨对蚜虫抑制作用明显。多雨的年份或多雨季节不利其发生,但时晴时雨的天气利于伏蚜迅速增殖。

(4)化学防治。应早治和及时防治,喷药时以叶片背面为主。在蚜虫初发期可用10%啶虫脒微乳剂2 000倍液,或10%烯啶虫胺水剂1 200倍液,或0.5%藜芦碱可溶液剂500倍液,或99%矿物油乳油150~300倍液均匀喷雾。

5. 棉叶蝉

又名叶跳虫、浮尘子、二点叶蝉等,属同翅目叶蝉科害虫

(1)为害症状。成虫和若虫刺吸叶片汁液,造成叶片密布黄褐色斑点,由叶尖开始逐渐转黄卷曲,焦枯脱落,造成植株早衰。

(2)形态特征。成虫体长3mm左右,淡绿色。头部近前缘处有2个小黑点,小黑点四周有淡白色纹。前胸背板黄绿色,在前缘有3个白色斑点。前翅端部近爪片末端有1明显黑点。阳茎短,马蹄形,阳茎柄细长。抱器基部粗壮,向端部逐渐变细,在离端部1/5处内侧有几个锯齿状突起;卵长0.7mm左右,长肾形。初产时无色透明,孵化前淡绿色;末龄若虫体长2.2mm左右。头部复眼内侧有2条斜向的黄色隆线。胸部淡绿色,中央灰白色。前胸背板后缘有2个淡黑色小点,四周环绕黄色圆纹。前翅芽黄色,伸至腹部第4节。腹部绿色。

(3)发生规律。1年发生8~14代,各地不一,世代重叠。以成虫和卵在茄子、马铃薯、蜀葵、木芙蓉、梧桐等的叶柄、嫩尖或叶脉周围及组织内越冬。在湖北、广东等地冬季仍见成虫在豆科作物上繁殖。5月中旬至11月是为害期,其中尤以10月至11月上旬为害最重。成虫白天活动,在晴天高温时特别活跃,有趋光性,一受惊扰,迅速横行或逃走。一、二龄若虫,常群集于靠近叶柄的叶片基部,成虫和三龄以上若虫一般多在叶片背面取食,喜食幼嫩

的叶片,夜间或阴天常爬到叶片的正面。在 28~30℃ 下卵历期 5~6 天;若虫期 5.6~6.1 天;成虫期 15~20 天。6℃ 以下进入休眠状态。

(4)化学防治。在若虫盛发期,亩用 10% 吡虫啉可湿性粉剂或用 3% 啶虫脒可湿性粉剂 2 500 倍液,或用 25% 噻嗪酮(扑虱灵)可湿性粉剂 1 000 倍液,或用 2.5% 溴氰菊酯乳油 2 000 倍液等进行防治。防治指标为百株虫量百叶虫量达 70 头以上。

6. 美洲斑潜蝇

美洲斑潜蝇又称鬼画符,属双翅目潜蝇科害虫。全国各地均有发生。

(1)为害特点。以幼虫在叶片中潜食叶肉,形成弯曲的隧道,严重时叶片枯萎,甚至整株枯死。斑潜蝇寄主广泛,可寄生为害黄秋葵等 100 多种植物。

(2)形态特征。成虫体长 2~2.5mm,翅展 5~7mm。体大部亮黑色,头部黄色,复眼红褐色,触角鲜黄色,胸部发达,中胸侧片黄色,双翅,紫色,透明,雌蝇腹部肥大。腹部各背板边缘黄白色;卵长约 0.3mm,卵圆形,乳白或灰白色,略透明;幼虫。体长 2.9~3.5mm,蛆状,前端可见能伸缩的口钩,体表光滑柔软,幼虫自小至老熟,体色逐渐由乳白变黄白或鲜黄色;蛹。长约 2.5mm,长椭圆形略扁。初为黄色,后变为黑褐色。

(3)发生规律。1 年发生 12~13 代,多的达 18 代。长江流域以蛹越冬为主,少数幼虫、成虫也可越冬,从早春起虫口数量逐渐上升,到春末夏初达到为害猖獗时期。成虫白天活动,耐低温,吸食花蜜,对甜剂有较强的趋性。卵散产,多产在叶背面边缘的叶肉上,尤以叶尖处居多,每雌蝇可产卵 45~98 粒。成虫寿命 7~20 天,卵期 5~11 天,幼虫期 5~14 天,共 3 龄。老熟幼虫在蛀道中化蛹,蛹期 5~16 天。

(4)化学防治。始见幼虫潜蛀隧道时为第 1 次用药适期,每隔 7~10 天喷 1 次,共 2~3 次。亩用 70% 灭蝇胺水分散粒剂 15~

20g对水,或用50%灭蝇胺可溶性粉剂2 500倍液,或用1.8%阿维菌素乳油2 500倍液,或用10%溴氰虫酰胺油悬浮剂2 000倍液,或用6%乙基多杀菌素悬浮剂20ml对水均匀喷雾。

7. 红蜘蛛

红蜘蛛又称叶螨,属蜘蛛纲叶螨科。是黄秋葵的重要害虫之一。

(1)为害特点。为多食性害虫,以成虫和若虫在叶背面吸食汁液,形成淡黄色斑点,叶片逐渐失绿而枯黄,直至干枯脱落,影响黄秋葵的产量和品质。

(2)形态特征。雌螨体长0.48~0.55mm,宽0.35mm,体形椭圆,体色常随寄主而变化。基本色调为锈红色或深红色,体背两侧有长条块状黑斑2对。雄螨体长0.35mm,宽0.19mm,近菱形,头胸部前端近圆形,腹部末端稍尖,体色比雌虫淡。卵圆球形,直径约0.13mm,初产无色透明,渐变淡黄,孵化前微红。幼螨足3对,体近圆形,初孵化身体透明,取食后变暗绿,蜕皮后变第1若螨,再蜕皮为第2若螨,足4对。第2若螨蜕皮后为成螨。

(3)发生规律。每年发生10~20代,繁殖力极强,雌成虫在10月份迁至杂草、作物的枯枝落叶和土缝中越冬。在南方气温高的地方,冬季在杂草、绿肥上仍可取食,并不断繁殖。春季气温为6℃时,即可出来为害,气温上升到10℃以上时开始大量繁殖。繁殖方式以两性生殖为主,也可进行孤雌生殖。发育最适温度为25~29℃,最适空气相对湿度为35%~55%,6—8月若高温少雨年份常常大发生。夏秋多雨,对其有抑制作用。

(4)化学防治。可亩用43%联苯肼酯悬浮剂3 000~5 000倍液,或用20%丁氟螨酯悬浮剂1 500倍液,或用11%乙螨唑悬浮剂5 000~7 000倍液,或用24%螺螨酯悬浮剂4 000~6 000倍液,或用0.5%依维菌素乳油40~60g对水均匀喷雾。

8. 蓟马

蓟马属缨翅目蓟马科。为害黄秋葵的有黄蓟马和烟蓟马。

（1）为害特点。以成虫和若虫锉吸心叶、嫩芽和幼果的汁液，使心叶不能展开，生长点萎缩。幼果受害后表皮呈锈色，畸形，生长缓慢，严重时落果。成熟果荚受害后，果皮粗糙有斑痕或褐色波纹，或整个果皮布满"锈皮"，呈畸形。

（2）形态特征。黄蓟马成虫体黄色，触角7节，雌虫体长1~1.1mm，雄虫0.8~0.9mm。卵长椭圆形，淡黄色。第1龄若虫体长0.3~0.5mm，乳白色至淡黄色。第2龄若虫体长0.6~1.1mm，淡黄色。烟蓟马雌虫体长1.2mm，体淡棕色，触角第4、第5节末端色较浓，腹部第2至第8节前缘有两端略细的栗棕色横条。

（3）发生规律。1年发生10多代，世代重叠。以成虫潜伏在土块、土缝下和枯枝落叶间过冬，少数以若虫过冬，翌年温度为12℃时开始活动。孤雌生殖，雌虫产卵于嫩叶组织。喜温暖干燥，烟蓟马在15~25℃时生长发育繁殖最快。若虫在土内化蛹，田间表层土壤含水量在9%~18%时，对化蛹、羽化较为适宜。

（4）化学防治。可亩用20%呋虫胺可溶粒剂3 000倍液，或用20%啶虫脒可溶粉剂1 000倍液，或用60g/L乙基多杀菌素悬浮剂2 000倍液，或用25%噻虫嗪水分散颗粒剂8 000倍液均匀喷雾。连续用药2~3次。

9. 白粉虱

白粉虱属同翅目粉虱科，是黄秋葵的主要害虫之一。

（1）为害特点。成虫和若虫吸食茎、叶汁液，被害叶片褪绿、变黄、萎蔫，甚至全株枯死。由于其繁殖力强，繁殖速度快，种群数量庞大，群聚为害，并分泌大量蜜液，严重污染叶片和果实，往往引起煤污病的大发生，使黄秋葵失去商品价值。同时它也是一种传毒媒介，传播病毒病。

（2）形态特征。成虫体长1~1.5mm，淡黄色。翅面覆盖白蜡粉，停息时双翅在体上合成屋脊状如蛾类，翅端半圆状遮住。整个腹部，翅脉简单，沿翅外缘有一排小颗粒；卵长约0.2mm，侧面观长椭圆形，基部有卵柄，柄长0.02mm，从叶背的气孔插入植物组织中。初产淡绿色,覆有蜡粉,而后渐变褐色,孵化前呈黑色;1 龄若虫体长约 0.29mm,长椭圆形,2 龄约 0.37mm,3 龄约 0.51mm,淡绿色或黄绿色,足和触角退化,紧贴在叶片上营固着生活;4 龄若虫又称伪蛹,体长 0.7~0.8mm,椭圆形,初期体扁平,逐渐加厚呈蛋糕状(侧面观),中央略高,黄褐色,体背有长短不齐的蜡丝,体侧有刺。

(3)发生规律。年发生 10 多代或更多,它以各虫态在温室大棚内越冬并持续为害。成虫有趋嫩性,故新生叶片成虫多,中下部叶片若虫和伪蛹多。白粉虱的种群数量,由春至秋持续发展,夏季的高温多雨抑制作用不明显,到秋季数量达高峰,除在温室等保护地发生为害外,对露地栽培植物为害也很严重。在自然条件下不同地区的越冬虫态不同,一般以卵或成虫在杂草上越冬。繁殖适温 18~25℃,成虫有群集性,对黄色有趋性,忌避银灰色。初孵若虫经短距离爬行,将口针插入叶内,即固定为害。

(4)化学防治。发生初期可亩用 22.4%螺虫乙酯悬浮剂 1 500 倍液,或用 22%氟啶虫胺腈悬浮剂 1 500 倍液,或用 20%啶虫脒微乳剂 3 000 倍液,或用 5%d-柠檬烯可溶性液剂 75~100ml 对水均匀喷雾。

10. 甜菜夜蛾

属于鳞翅目夜蛾科,严重为害黄秋葵的杂食性害虫。

(1)为害特点。初龄幼虫在叶背群集吐丝结网,食量小,3 龄后,分散为害,食量大增,昼伏夜出,为害叶片成孔缺刻,严重时,可吃光叶肉,仅留叶脉,甚至剥食茎秆皮层。

(2)形态特征。成虫体长 10~14mm,翅展 25~34mm。体灰褐色。前翅中央近前缘外方有肾形斑 1 个,内方有圆形斑 1 个。后翅银白色;卵圆馒头形,白色,表面有放射状的隆起线;幼虫:体长约 22mm。体色变化很大,有绿色、暗绿色、黄褐色、黑褐色等,有时呈粉红色。腹部体侧气门下线为明显的黄白色纵带,有的带粉红色,带的末端直达腹部末端,不弯到臀足上去;蛹体长 10mm 左右,黄褐色。

(3)发生规律。1年发生6~8代,7—8月发生多,高温、干旱年份更多,常和斜纹夜蛾混发,对叶菜类威胁甚大。成虫昼伏夜出,有强趋光性和弱趋化性,大龄幼虫有假死性,老熟幼虫入土吐丝化蛹。

(4)化学防治。此虫要及早防治,喷药应在傍晚进行。药剂可亩用5%氯虫苯甲酰胺悬浮剂45~55ml,或用0.5%依维菌素乳油40~60g,或用24%虫螨腈悬浮剂,或用22%氰氟虫腙悬浮剂40~60g,或用240g/L甲氧虫酰肼悬浮剂20~30g,对水均匀喷雾。每隔7~10天喷一次。

11. 豆毒蛾

豆毒蛾又称大豆毒蛾、肾毒蛾、飞机毒蛾,属鳞翅目毒蛾科。

(1)为害特点。以幼虫食害叶片,吃成缺刻、孔洞、重者全叶被吃光,受害叶片仅剩下网状叶脉。严重影响大豆生长发育,造成不同程度的减产。

(2)形态特征。成虫体长17~19mm,黄褐色至暗褐色。雄蛾触角羽毛状,雌蛾触角锯齿状,前翅有2条褐色黄带纹,两带间有1个肾状斑。后翅淡黄色带褐色;前、后翅反面黄褐色;雌蛾比雄蛾色暗。卵半球形,淡青绿色。幼虫长40~45mm,头部黑褐色,有光泽;体被褐色毛束,腹部8束,背部4束,两侧各2束似飞机的翼,故有飞机毒蛾之称;胸足黑褐色,每节上方白色,跗节有褐色长毛;腹足暗褐色。蛹红褐色,背面长有长毛,腹部前4节还有灰色瘤状突起。

(3)发生规律。毒蛾成虫具有趋光性,卵产在叶片背面,每个卵块有卵50~200粒。初孵幼虫群集在叶片背面为害,不久分散为害。老熟幼虫在叶片背面作茧化蛹。在长江流域年发生3代,以幼虫越冬。越冬代成虫出现在5月上旬,第1代幼虫发生期在5月中下旬,主要外寄主如柿、柳等为害;第2代卵盛期为6月下旬,幼虫为害盛期出现在7月上、中旬,7月下旬化蛹。7月底至8

月初第 2 代成虫羽化。8 月上旬开始出现第 3 代卵,幼虫为害盛期在 8 月中下旬。

(4)防治方法。利用低龄幼虫集中为害的特性,在 1~3 龄期亩用 1.8%阿维菌素+5%虱螨脲 1 500 倍液,或用 25%甲维·虫酰肼 1 500 倍液,或用 25%灭幼脲 3 号悬浮剂 1 500 倍液,或用 30%氯虫·噻虫嗪悬浮剂 2 000 倍液等均匀喷雾。

12. 蜗牛

蜗牛属腹足纲柄眼目蜗牛科、大蜗牛科陆生软体动物,发生、为害的主要有同型巴蜗牛和灰巴蜗牛,两种蜗牛外形相似。

(1)为害特点。全国各地普遍发生,但南方及沿海潮湿地区较重。食性杂,成、幼贝以茎叶、花果及根为食,造成孔洞、缺刻甚至咬断幼苗。在多雨无光照的潮湿气候条件下,幼贝可爬至植株顶部嫩叶上刮食叶片。

(2)形态特征。成贝体长 30~36mm,体外有一扁圆球形螺壳,身体分头、足和内脏囊 3 部分,头上有 2 对可翻转的触角,眼在后触角顶端。足在身体腹面,适于爬行。卵圆球形,直径约 2mm,乳白色有光泽,逐渐变为淡黄色,近孵化时变为土黄色。幼贝体较小,形似成贝。

(3)发生规律。蜗牛为雌雄同体,异体受精,也可自体受精繁殖。3 月当气温回升到 10~15℃时开始活动,先在豌豆、麦类及油菜等取食为害,成贝于 4 月中旬开始交配产卵,5 月底 6 月初为产卵高峰,气温偏低或多雨年份产卵期可延迟到 7 月,卵粒成堆,多产于潮湿疏松的土里或枯叶下,卵期 14~31 天。一生可产卵多次,每头成贝可产卵 80~235 粒,土壤干燥或卵暴露于地表则不能孵化。喜阴湿怕水淹,雨天昼夜活动取食,夏季干旱季节昼伏夜出活动,爬行处留下黏液痕迹。以成、幼贝在菜田、绿肥田、灌木丛及作物根部、草堆石块下及房前屋后等潮湿阴暗处越冬,壳口有白膜封闭。在温室及大棚内发生早,为害期更长。

(4)防治方法。一般每亩用 6%四聚乙醛或 6%聚醛·甲萘威颗粒剂 0.5~0.7kg,与 10~15kg 细干土混合均匀撒施,或与豆饼粉或玉米粉等混合作毒饵,于傍晚施于田间垄上诱杀。在清晨蜗牛未潜入土时,亩用 80% 四聚乙醛可湿性粉剂 700 倍液,或用50% 杀虫环(易卫杀)可溶性粉剂 750 倍液,或用 50% 杀螺胺乙醇胺盐可湿性粉剂 70g 对水,用 1% 食盐水喷洒防治。隔 7~10 天喷 1 次,连喷 2~3 次。

13. 其他虫害

除上述害虫外,还有蚂蚁、地老虎、棉小造桥虫、蝗虫、绿盲蝽、玉米螟等害虫,可根据发生情况选择相应的药物防治。

二、主要病害

1. 立枯病和猝倒病

(1)症状。立枯病多在育苗中后期发生,发病中无絮状白霉、植株得病过程中不倒伏。在播种发芽后、真叶开始展开前幼苗发病,初见根茎部出现茎缢缩,变褐、软化、倒折。有的根系受害,根部变褐。有时在土中未出土即发病,造成刚发芽的幼苗烂种或霉烂。与猝倒病较显著的区别,立枯病是站着死,而猝倒病是幼苗猝倒而死。

猝倒病常发生在幼苗出土后、真叶尚未展开前,产生絮状白霉、倒伏过程较快,主要危害苗基部和根茎部,呈水浸状腐败,略变细缢缩,病苗倒伏。播种后开始发病,引起胚芽和子叶腐坏,尤其是处在两片子叶展平至两片真叶期易发病,开始时仅个别幼苗发病,茎基部初呈水浸状后变成黄褐色,逐渐缢缩成线状,有时病苗还未来及凋萎,幼苗已猝倒在床面上,仅 2~3 天时间即可导致成片幼苗猝倒,若畦内湿度大,病苗体表及附近床土上长出一层白色棉絮状菌丝体。

(2)病原。立枯病病原为立枯丝核菌,属半知菌亚门真菌。猝倒病病原为刺腐霉,属鞭毛菌亚门真菌。

(3)发病规律。病菌生长适温为 17~28℃,12℃ 以下或 30℃以上病菌生长受到抑制,故苗床温度较高,幼苗徒长时发病重。土壤湿度偏高,土质黏重以及排水不良的低洼地发病重。通过雨水、流水、带菌的堆肥及农具等传播。幼苗及大苗均能受害,一般多在苗期床温较高或育苗中后期发生,阴雨多湿、土壤过黏、重茬发病重,播种过密、间苗不及时易诱发本病。

(4)防治。发病初期,亩可用30%多菌灵·福美双可湿性粉剂600倍液,或用68%精甲霜灵·锰锌水分散颗粒剂600~800倍液,或用64%恶霜·锰锌可湿性粉剂500倍液均匀喷雾。阴雨天可拌干细土撒施。防治1~2次。

2. 枯萎病

(1)症状。苗期、成株均可发病,但以现蕾、开花期明显。病株矮化,叶片小、皱缩,叶尖、叶缘变黄,病变区叶脉变成褐色或产生褐色坏死斑点,严重时病叶变褐干枯、易脱落。纵部茎秆维管束变成褐色或深褐色。

(2)病原。为尖镰孢菌萎蔫专化型。

(3)发病规律。病菌随病残体在土壤中越冬,种子也带菌,沤制的堆肥未充分腐熟时亦能带菌。病菌厚垣孢子在土中能生存多年(枯萎病菌在土壤中可存活7~10年)。土壤中的分生孢子、厚垣孢子借灌溉水或雨水传播,经伤口或直接侵入根部,在维管束中繁殖并随液流扩散,引起全株发病。与土温关系密切,地温20℃左右开始发病,25~30℃进入发病高峰,33~35℃时趋于停滞。

(4)防治。种子处理用50%多菌灵可湿性粉剂600倍液浸种1小时,也可用种子重量0.3%的50%多菌灵可湿性粉剂或50%福美双粉剂拌种。发病初期亩用46.1%氢氧化铜水分散颗粒剂800倍液,或用20%络锌·络氨铜水剂500~600倍液,或用1%申嗪霉素悬浮剂500~1 000倍液,或用70%恶霉灵可湿性粉剂1 500倍液浇灌防治。

3. 褐斑病(叶煤病)

(1)症状。主要为害叶片,严重时为害主脉。初在叶片上形成黄褐色小点,逐渐变成圆形至多角形斑,大小为1~5mm,灰褐色,有时中央灰白色,边缘红褐色,空气潮湿在病斑表面产生灰黑色霉状物。严重时整个叶片覆满黑色煤层,叶片干枯,最后使植株干枯死亡。

(2)病原。为秋葵假尾孢。

(3)发病规律。病菌以菌核或残体上的菌丝度过不良环境条件,菌核有很强的耐高低温能力。发病适温为21~32℃,发病盛期主要在夏季,当气温升至大约30℃,同时空气湿度很高(降雨、有露、吐水或潮湿天气等),且夜间温度高于20℃时、造成病害猖獗。另外,枯草层较厚的老草菌源量大,低洼潮湿、排水不良、田间郁闭,偏施氮肥、植株旺长组织柔嫩,灌水不当等都有利于病害的流行。秋季温暖多雨病害发生严重。

(4)防治。发病初期,可亩用25%丙环唑乳油1 000倍液,或用6%氯苯嘧啶醇可湿性粉剂1 500倍液,或用47%春雷·王铜可湿性粉剂700倍液,或用40%嘧啶核苷类抗生素水剂200~400倍液均匀喷雾防治。7~10天防治一次,连防2~4次。

4. 轮纹病

(1)症状。多在黄秋葵生长中后期发生,主要为害叶片。在叶片上初生黄褐色近圆形至不规则形或多角形病斑,边缘褐色,有时略呈轮纹状,直径3~12mm,后期病斑上产生黑色小点。有时病斑呈轮纹状,中央色浅,多个病斑相互连接或与其他病害混合发生时多形成不规则形大斑,终致叶片干枯。

(2)病原。为 *Stagonospora* sp. 。

(3)发病规律。病菌以分生孢子器或子囊壳形态附在枯死叶片上越冬,环境条件差时,则以子囊孢子形态越冬或越复。当环境条件适合生育时,子囊孢子飞散,成为当年初侵染源。侵入叶片的病原菌增殖,在病斑组织内形成繁殖器官(分生孢子器),不久即形成孢子黏块。孢子黏块经风雨传播,再次侵染健康植株的叶片。病原菌在25℃以下的较低温度下发育良好,温暖潮湿、昼夜温差大、多露或植株生长衰弱,病害发生较重。

（4）防治。发病初期亩用70%丙森锌可湿性粉剂600倍液，或用2.5%咯菌腈悬浮剂1 000倍液，或用50%异菌脲可湿性粉剂1 000倍液均匀喷雾防治，每隔10天左右喷1次，连喷2~3次，采收前3天停止用药。

5. 尾孢叶斑病

（1）症状。主要为害叶片。初在叶面产生黄褐色小斑，后逐渐扩展成近圆形至多角形病斑，灰褐色，中央灰白色，湿度大时，病斑产生灰黑色霉层。

（2）病原。为马来尾孢引起的一种真菌病害。

（3）发病规律。病菌菌丝体和分生孢子，在干燥条件下能够在地表的病残体上安全越冬，成为第2年的初侵染源。当年病斑上产生的分生孢子可重复侵染，不断扩展蔓延。分生孢子萌发产生芽管，通过气孔侵入，在成株叶片上潜育期为9天，12天时叶片上出现长条斑，16~21天病斑上形成孢子，侵染幼株叶片时产孢比在成株上早。多雾、多露的环境有利于孢子的形成、萌发和侵染，一般7—8月多雨年份发生严重。

（4）防治。发病初期可亩用25%吡唑醚酯乳油1 500倍液，或50%异菌脲可湿性粉剂700倍液，或用80%代森锰锌粉剂500倍液，或用25%丙环唑1 500倍液等交替喷雾防治，隔7~10天喷施1次，喷施2~3次。

6. 灰霉病

（1）症状。主要为害花、叶和果，叶片、叶柄发病呈灰白色，水渍状，组织软化至腐烂，高湿时表面生有灰霉。幼茎多在叶柄基部初生不规则水浸斑，很快变软腐烂，缢缩或折倒，腐烂枯萎病死；结果期初在果面上出现水渍状褐色斑点，后扩展成长条状，湿度大时病斑上产生灰白色霉层，随后引起发病腐烂。

（2）病原。病原菌为灰葡萄孢。

（3）发病规律。病菌以菌核在土壤或病残体上越冬越夏。病菌耐低温，7~20℃大量产生孢子，苗期棚内温度15~23℃、弱光、相对湿度在 90% 以上或幼苗表面有水膜时易发病。花期最易感病。借气流、灌溉及农事操作从伤口、衰老器官侵入,病果病叶、残留花瓣粘于茎部、果面容易感染,如遇连阴雨或寒流天气,放风不及时、密度过大、幼苗徒长,分苗移栽时伤根、伤叶,都会加重病情。病原菌生长温度为 20~30℃,在温度 20~25℃、湿度持续 90% 以上时为病害高发期。

(4)防治。发病初期亩用 50% 啶酰菌胺水分散颗粒剂 2 000 倍液,或用 43% 氟菌·肟菌酯悬浮剂 3 500 倍液,或用 42.4% 唑醚·氟酰胺悬浮剂 3 500 倍液,或用 25% 啶菌噁唑乳油 2 500 倍液,或用 50% 异菌脲可湿性粉剂 1 500 倍液,或用 30% 肟菌酯悬浮剂 2 500 倍液等均匀喷雾防治,每隔 5~7 天喷药 1 次,连续用药 2~3 次。

7. 病毒病

(1)症状。多在苗期至生长前期发生,主要表现畸形花叶和蚀纹坏死斑。发病初期幼叶叶脉褪绿,很快转变为皱缩花叶状,以后病叶增厚,叶柄和节间缩短,叶片畸形,尤以顶部幼嫩叶片发病重,早期染病植株矮小。发病较晚的植株仅在叶片上表现初期褪绿,后期出现褐色蚀纹坏死斑和叶片轻度皱缩症状。染病后植株生长发育缓慢,开花结果少而瘦小,严重时不能开花结果。

(2)病原。黄秋葵花叶病毒为主。

(3)发病规律。病毒种类很多,寄生范围很广,初侵染源也很复杂,由于病毒多数可通过摩擦传染,因此蚜虫、飞虱、蓟马等都是传播病毒病的中间寄主。田间农事操作如间苗、定苗、整枝、打杈、摘心等也都可以传播病毒,使病害扩大蔓延。一般高温、干旱降低了植株的抗病性,有利于蚜虫的繁殖和迁飞,缺水、缺肥、管理粗放病毒病病情会加重。

(4)防治。发病初期亩用 20% 马胍·乙酸铜可溶性粉剂 300~500 倍液 +0.04% 芸薹素内酯乳油 2 500 倍液,或用 10% 吗啉胍·羟烯水剂 1 000 倍液,或用 2% 宁南霉素水剂 300 倍液,或用

1%香菇多糖水剂 500 倍液,或用 20%病毒 A 可湿性粉剂 400 倍液均匀喷雾防治,隔 7~10 天 1 次共 3 次。

8. 炭疽病

(1)症状。主要危害荚果。果实染病初在果面上现褐色斑,有的干缩下陷,后扩展成灰黑色近棱形至椭圆形斑。病斑多时常融合成片,生出黑色小粒点。叶片、茎染病初现褐色小斑,后扩展成近圆形褐色坏死斑,多个病斑融合成大病斑,后期病斑上产生黑色小粒点(病菌分生孢子盘及分生孢子)。

(2)病原。病原为锦葵炭疽刺盘孢。

(3)发病规律。病菌主要以菌丝体和分生孢子盘在病株上和病残体遗落在土中越冬,种子也可以带菌。以分生孢子作为初侵与再侵接种体,通过风雨传播侵染,温暖潮湿的天气或郁闭、通透性不良的环境有利于发病,在 10~30℃的温度范围内容易发病,但以 24℃为最适,4℃以下不能萌发。

(4)防治。播种前进行种子处理,用 30%苯噻氰乳油 1 000 倍液浸泡 20 分钟。在发病初期,亩用 75%肟菌·戊唑醇水分散颗粒剂 3 000 倍液,或用 32.5%苯甲·嘧菌酯悬浮剂 1 500 倍液,或用 450g/L咪鲜胺水乳剂 1 000~1 500 倍液,或用 42.4%唑醚·氟酰胺悬浮剂 4 000 倍液喷雾防治。

9. 黄萎病

(1)症状。苗期、成株均可发病,多从植株下部叶片先发病,后向中上部扩展;叶片先在叶缘或叶脉间褪绿、变黄,扩展后叶面上出现黄色近圆形至长条形病变,四周有黄晕,叶缘变褐焦枯、卷缩。病茎纵部可见维管束呈黄褐色。

(2)病原。病原为大丽花轮枝菌。

(3)发病规律。主要以土壤中带菌(黄萎病菌在土壤中可存活 6~8 年)、病残体带菌、种子带菌等因素导致发病,土壤长期连作、管理粗放、偏酸、偏碱、有机质含量低、土质黏重、缺钾等因素则诱发病情严重,与地温和湿度有很密切的关系,25~28℃为发病的高峰,25℃以下和 30℃以上发病缓慢,35℃以上停止发展。部分地块与枯萎病常常混合发生。

(4)防治。种子处理可用 50%多菌灵可湿性粉剂 600 倍液浸种 1 小时,晒干播种。在发病初期,亩用 1%申嗪霉素悬浮剂 700 倍液,或用 70%恶霉灵可湿性粉剂 1 500 倍液,或用 38%恶霜嘧铜菌酯 800~1 000 倍液浇灌,或用 10 亿个/g 枯草芽孢杆菌可湿性粉剂 300~600 倍液喷雾,每隔 7 天一次,共喷浇 2~3 次。

10. 疫病

(1)症状。全生育期均可发生,主要为害嫩叶、嫩茎或嫩果。幼苗染病产生水渍状猝倒,幼叶染病始于叶缘,病斑初为水渍状暗绿色,后向四周扩展形成灰褐色坏死大斑,有的产生白霉。嫩果染病初呈暗绿色至深绿色水渍状,湿度大时产生白霉,后腐烂,干燥时萎缩枯死。

(2)病原。病原为寄生疫霉和掘氏疫霉,属鞭毛菌亚门真菌。

(3)发病规律。病菌以菌丝体和卵孢子随病残体遗留在土中越冬,翌年菌丝或卵孢子遇水产生孢子囊和游动孢子,通过灌溉水和雨水传播。遇高温高湿条件 2~3 天出现病斑,其上产生大量孢子囊,借风雨或灌溉水传播蔓延,进行多次重复侵染。生长发育适温 28~32℃,最高 37℃,最低 9℃。

(4)防治。在发病初期,亩用 18.7%烯酰·吡唑酯 600~800 倍液,或用 69%烯酰·锰锌可湿性粉剂 600~800 倍液,60%锰锌·氟吗啉可湿性粉剂 700 倍液,或用 23.4%双炔酰菌胺悬浮剂 2 500 倍液,或用 18%吲唑磺菌胺悬浮剂 2 000~4 000 倍液喷雾,每隔 7~10 天 1 次,连用 2~3 次。

11. 茎腐病(黑茎病)

(1)症状。主要为害茎部尤其是近地面茎基部,初产生椭圆形至短条状黑褐色斑点,后沿茎向上、下扩散呈长条形。病部呈暗褐色至黑褐色,湿度大时病部表面现粉红色或白色霉层。当扩展到绕茎 1 周时,致病部以上茎、叶萎蔫枯死。

（2）病原。病原为蚀脉镰孢真菌。

（3）发病规律。黄秋葵茎腐病（黑茎病）病菌在土壤中越冬，腐生性强，可以在土中生存 2~3 年，大水漫灌且遇到地温过高最易发病。

（4）防治。棚室保护地栽培时，注意通风换气，将其湿度控制在 85% 以下；发病初期用 78% 波·锰锌可湿性粉剂 600 倍液，或用 40% 双胍三辛烷基苯磺酸盐可湿性粉剂 900 倍液，或用 50% 多菌灵可湿性粉剂 600 倍液喷雾防治。

12. 角斑病

（1）症状。全生育期均可发病，以成株受害重。叶片初发病时，叶背现水渍状灰绿色小斑点，扩展时受叶脉限制产生多角形深褐色病斑，严重时病斑融合早枯；或沿叶脉扩展形成长条形，初水渍状，后变黑褐色，造成叶片歪曲或皱缩，严重时病叶发黄干枯。

（2）病原。为油菜黄单胞菌锦葵致病变种。

（3）发病规律。病原细菌在种子上或随病残体在土壤中越冬，成为翌年的初侵染源。借风雨、昆虫和农事操作进行传播，从气孔、水孔和伤口侵入，初在寄主细胞间隙中，后侵入到细胞内和维管束中，侵入果实的细菌则沿导管进入种子。温暖高湿条件即气温 21~28℃、相对湿度 85% 以上有利于发病。

（4）防治。用种子重量 0.3% 的 50% 混合二元酸铜（琥胶肥酸铜）拌种；发病初期用 20% 噻菌铜悬浮剂 800 倍液，或用 20% 叶枯唑可湿性粉剂 800 倍液，或用 12.5% 喹啉酮可湿性粉剂 750 倍液，或用 86.2% 氧化亚铜可湿性粉剂 900 倍液，或用 47% 春雷·王铜可湿性粉剂 700 倍液喷雾防治。

13. 曲霉病

（1）症状。为害茎基部、花及果实。茎基部发病初现水渍状斑块，后扩展到花和果实上。茎基被害后病部变褐色，湿腐，其上生出绒毛状黑霉。花及果实发病初始，在病部产生白色菌丝体，后长出点点黑霉（分生孢子），严重时整个花和果实全部变黑褐色，病果逐渐腐烂,是黄秋葵保护地栽培生产上主要病害。

(2)病原。病原为黑曲霉,为半知菌亚门真菌。

(3)发病规律。系高温、高湿性好氧菌,生长适温37℃,最低相对湿度为88%,具很强分解有机物的能力,能产生多种有机酸,使叶、花、果实受害霉变。

(4)防治。亩用40%嘧霉胺悬浮剂800~1 000倍液,或用50%啶酰菌胺水分散粒剂1 000~1 200倍液,或用30%氟硅唑微乳剂3 000~5 000倍液,或用10%多氧霉素可湿性粉剂1 000倍液,或用50%乙烯菌核利可湿性粉剂800~1 000倍液均匀喷雾防治。

三、生理性病害

(一)异(畸)形

1. 疣(瘤)状果

果荚表皮上产生褐色小斑点,随着果荚的膨大,疣(瘤)状突起变大、数量增多。一般在开花后的幼果上始发。疣果发生原因较复杂,既有蚜虫等为害引起病毒病侵染,也有日照不良、低温多湿、氮素不足等原因造成生理失调引起的,与植株的营养状态关系很大,在收获初期基本不发生。因此,生产上对零星少量的疣(瘤)状畸形果,应采取针对性剪除措施,特别要避免盲目乱用药。其次要加强田间管理,摘叶要适度,使生长营养状态良好,充分进行光合作用。

2. 曲果

在果荚、果荚顶端部弯曲的果实统称为曲果。曲果的原因与品种种性有关,如五角、绿闪等品种弯曲果、畸形果少;据曹毅等试验结果与播种期有关,不同播期对红秋葵果实外形有明显的影响,在3月11—18日播种的畸形率高,畸形果以弯曲、变形、病虫为害为主,与播种时气温低、结果节位较低有关。另有报道黄秋葵易受蚜虫、椿象为害,一旦为害严重就容易导致畸形。因此,要找出原因采取针对性管理措施,生产上特别要避免盲目用药。

3. 白化苗

黄秋葵在早春育苗或移植时,遇寒潮天气后,秧苗叶片变成为白化苗。其症状为子叶与茎仍为绿色;从新叶叶缘开始黄化、向上卷曲,叶肉沿叶脉失绿成淡黄色,叶脉退绿成淡绿色;冷(冻)害严重时,叶肉、叶脉同时失绿变成黄白色(彩页2)。一般在寒潮过后,白化苗的新出真叶会逐渐恢复正常。白化的原因主要是温度过低关系。早春寒潮多伴有雨雪天气,低温光照不足,直接影响到叶绿素生物合成中多种酶的活动和光合作用。防控措施主要是做好保温增温管理。

(二)缺素症

某种营养元素不足或失调的因素是多种多样的,氮、磷、钾化肥的大量施用,高产品种的选育推广,单位面积产量的不断提高,有机肥施用量明显减少,此外气温、湿度、pH值、土壤理化性质、各种营养元素含量、施肥和管理不当等,均会影响到养分的有效性与吸收。缺素症是作物体内营养不良的外部表现,可表现在叶片、茎枝、花、果实、根,一般以叶片最显著,因此诊断主要根据叶片上的症状表现,同时兼顾其他部位,辅以叶片和土壤分析等方法。

由于生产情况千差万别,缺素症表现不完全一致,因此在分析识别时应综合施肥、栽培、气候、环境情况等因素,特别是土壤因素来鉴别。首先应观察发生变化的部位,一般来说,在缺乏氮磷钾大量营养元素时,往往从下部的老叶先表现出缺素症状,而缺乏微量营养元素时,则症状最早出现在上部新生叶片上,症状出现的部位是识别缺素症的主要依据。其次要看变化后的特征,如叶片大小、叶色以及是否出现畸形等,通过形态诊断确定缺乏哪种营养元素,下部老叶子发黄是缺乏大量营养元素——氮,而上部新叶发黄就是缺乏微量元素——铁,也可能是缺硫。第三要与药害、病原性病害、干旱、渍害等严格区分,不能叶子发黄就误认为是缺素,与天旱无雨、药害、病虫害等其他原因混为一谈。

要想做出正确的识别,既需要学习掌握区分的知识,也要积累生产经验。现有的蔬菜作物缺素症图谱,对提高判别能力很有帮助,但应注意不同蔬菜品种之间症状表现不尽一致,对黄秋葵缺素症研究文献还极为少见。生产上如能及时"因缺补缺",施用所缺少元素的肥料,一般症状即可减轻或消失,产量损失也可以大大减轻。蔬菜缺素症总体表现及其防治办法如下。

1. 缺氮

症状表现。叶绿素含量减少,表现为植株生长发育不良,植株矮小瘦弱,分枝减少,叶片小而薄,叶色淡或变黄,由基部老叶开始失绿,渐渐发黄向上发展,花蕾容易脱落,果实小而少,产量低,品质差。后期明显早衰。

防治方法。定植前施足有机肥料。对已发生缺氮的,要立即追施速效性氮肥。

2. 缺磷

症状表现。苗期叶色浓绿,硬化,植株矮小;成株期叶片小,稍微上挺,植株生长发育迟缓,枝叶下垂,下部叶片出现斑点、黄化现象;严重时,下位叶发生不规则的褪绿斑。

防治方法。定植前施足有机肥料和磷肥作基肥;对酸性土可施石灰,对碱性土可施硫磺,调节酸碱度以减少磷的固定量,提高磷肥施用效果;早春低温采用地膜覆盖或大棚保护地栽培提高土温,提高磷的吸收能力;发现缺磷症状及时施用磷肥,酸性土宜施用钙镁磷肥,中性或偏碱性土宜施用过磷酸钙,介于酸性到中性土壤,宜用高浓度的磷酸二铵。

3. 缺钾

症状表现。植株下部叶片叶面粗糙,叶脉间出现斑点,绿色变淡,并很快变黄;在生长早期叶缘出现轻微的黄化,在次序上先是叶缘,然后是叶脉间黄化,顺序很明显;在生育的中后期,中位叶附近出现和上述相同的症状,叶缘枯死,随着叶片不断生长,叶向外侧卷曲。

防治方法。增施腐熟有机肥,发现缺钾症状及时施用钾肥,一般每亩施硫酸钾 10~15kg,多雨地区和沙性土壤,应分次施用钾肥以减少流失;在果实膨大期,可用 0.3%~0.5% 的硫酸钾或硝酸钾溶液喷洒叶面。但钾肥施用量一次不能太多,过多不仅增加流失,而且会抑制钙、镁、硼的吸收。

4. 缺钙

症状表现。上位叶形变小,向内侧或外侧卷曲,且叶脉间黄化,叶小株矮;若长时低温、日照不足或急晴高温则生长点附近叶缘卷曲枯死。

防治方法。可施石灰肥料,且要深施于根层内以利吸收;避免一次大量施入氮、钾肥;确保水分充足;应急措施采用 0.3% 氯化钙水溶液喷洒。

5. 缺镁

症状表现。妨碍叶绿素的形成,出现黄化症。叶片主脉附近及叶脉间的叶肉均褪色而呈淡黄色,但叶脉仍呈绿色。多从基部老叶沿叶脉出现黄化现象开始,向上部叶片发展。症状严重时,全株呈黄绿色。应注意缺镁症与缺钾、缺铁症状易混同,缺钾的特征是叶片黄化枯焦,而缺镁的特征主要是叶片比较完好,枯焦很少,缺铁症多发生在上部新叶,而缺镁症则发生在中下部叶片。

防治方法。对土壤含镁量不足而引起的,一般亩施硫酸镁 2~4kg,酸性土最好施镁石灰(用白云石烧制的石灰)50~100kg;对由根部吸收障碍引起的,一般用 1%~2% 硫酸镁溶液喷洒叶面,隔5~7天喷1次,连续喷3~5次。

6. 缺硼

症状表现。苗期根系不发达,容易死苗。前期生长受到抑制,叶片呈现紫红色斑点,叶色暗绿,叶片增厚而皱缩。节间较短,严重时顶端枯萎,结果节位推迟,花小而少或花而不实。果实发育不良,易畸形。一般认为叶片含硼量 8~10mg/kg 为缺硼的临界浓度。

防治方法。增施腐熟有机肥,每亩施硼砂 1~2kg 作基肥;土壤过于干燥时,应及时灌溉;植株表现出缺硼症状时,用0.5%硼酸水溶液喷洒叶面,每隔5~7天喷1次,连喷2~4次后基本上可恢复正常。

7. 缺锰

症状表现。叶脉间出现小斑点坏死,出现深绿色条纹呈肋骨状。

防治方法。增施有机肥料,亩用1~2kg硫酸锰作基肥效果好于追肥。也可用0.1%~0.2%硫酸锰溶液进行根外追肥,每隔7~10天喷1次,连喷2次。

8. 缺铜

症状表现。叶片畸形,并出现新生叶失绿,叶尖发白卷曲呈纸捻状,叶片出现坏死斑点,进而枯萎死亡。

防治方法。增施硫酸铜或波尔多液,以补充铜的不足。

9. 缺锌

症状表现。植株矮小,节间短簇,叶片扩展和伸长受到阻滞,出现小叶,叶缘常呈扭曲和皱褶状。中脉附近首先出现脉间失绿,并可能发展成褐斑、组织坏死。一般症状最先表现在新生组织上,如新叶失绿呈灰绿或黄白色,。

防治方法。增施腐熟有机肥,旱地可亩用硫酸锌1~2kg掺干土,撒于地表后耕翻入土作基肥。追肥用0.1%硫酸锌溶液在苗期喷施,每次每亩喷液50~75kg,喷施浓度超过0.3%时会产生肥害。

10. 缺硫

症状表现。全株体色褪淡,呈淡绿或黄绿色,叶脉和叶肉失绿,叶色浅,幼叶较老叶明显;植株矮小,叶细小,向上卷曲,变硬、易碎,提早脱落。茎生长受阻,开花迟,结果少。

防治方法。增施腐熟有机肥料;合理选用硫化肥,如硫酸铵、硫酸钾等;适当施用硫磺、石膏等硫肥。

11. 缺铁

症状表现。首先出现在顶部幼叶,新叶不鲜艳,心(幼)叶白化,叶脉颜色深于叶肉,色界清晰,形成网纹花叶。

防治方法。缺铁症一旦发生很难防治,应以预防为主,主要措施有:增施腐熟有机肥料,提高铁的有效性并改善土壤结构,增强根系对铁的吸收和利用能力;控制磷肥、锌肥、铜肥、锰肥及石灰质肥料的用量,以避免对铁吸收产生拮抗作用;叶面喷施用 0.2% ~ 0.5%硫酸亚铁溶液,加适量尿素可提高矫治效果。

12. 缺钼

症状表现。叶片脉间出现黄绿色斑点,叶缘萎缩干枯,叶片变厚,褪淡,叶片上出现大量细小的灰褐色斑点,叶缘上卷成杯形。

防治方法。增施腐熟有机肥料,在酸性土壤上施用钙镁磷肥、草木灰等碱性肥料,施用石灰应控制在 10~100kg/亩。一般亩为 10~50g 钼肥拌种、浸种和根外追肥。拌种用 2%钼酸铵溶液,用量为 15~30g/100kg 种子,浸种用 0.05% ~ 0.10%钼酸铵溶液,叶面喷施一般在苗期和初花期用 0.05% ~ 0.20%的钼酸铵溶液,各喷 1~2 次即可。

四、草害

杂草与作物争光、争水、争肥,同时杂草又是许多病虫的寄主和越冬场所,但除草是一项费时费工而且劳动强度又大的农活,露地栽培蔬菜的除草用工约占整个栽培管理的 1/3 以上,苗期的除草工作尤其费时。采用化学除草,可以大大减轻劳动强度,省时、省力、效率高,并达到很好的除草效果。黄秋葵是双子叶阔叶作物,用药不当常容易诱发药害,在选用除草剂时一要考虑对当季黄秋葵生长的安全性,二是往往会疏忽前作使用过的除草剂残效的危害,如前作小麦使用苯磺隆、噻磺隆后,后作种棉花、花生等阔叶作物需间隔 70 天以上,有的除草剂残效甚至长达 2~3 年。

化学除草剂使用方法主要有:茎叶处理法、土壤处理法等。茎叶处理法是将除草剂直接喷洒在正在生长的杂草叶面上,可分为播前茎叶处理和生长期茎叶处理两类。土壤处理法则是将除草剂均匀地喷洒到土壤上形在一定厚度的药层,当杂草种子的幼芽、幼苗及其根系被接触吸收而起到杀草作用,可分为播前、播后苗前、苗后土壤处理三类。

黄秋葵在播后苗前或定植之前,化学除草剂可亩用96%精异丙甲草胺(金都尔)乳油60~100ml,对水30~60kg均匀喷雾处理土壤。施药后盖膜,待幼苗顶土时开孔引苗并盖土压实地膜,或在施药后盖膜,然后打孔移栽,盖土压实幼苗周围的地膜。可防除一年生禾本科杂草、部分双子叶杂草和一年生莎草科杂草,如稗草、马唐、臂形草、牛筋草、狗尾草、异型莎草、碎米莎草、荠菜、苋、鸭趾草及蓼等。药效易受气温和土壤肥力条件的影响。

于伟等在播后苗前用48%仲丁灵乳油(地乐胺)防除黄秋葵田杂草药效试验,在移栽前每亩用48%乳油200~250ml对水均匀喷布地表(土壤处理),混土后移栽。结果表明:其对马齿苋、铁苋菜、反枝苋、打旋花、马唐、稗草等阔叶杂草和禾本科杂草表现出良好的防治效果,药后30、45、60天总株防效分别为90.6%、97.5%;82.6%、92.5%;72.9%、86.3%;药后60天内杂草防效为83.8%、92.7%;而且对黄秋葵安全,不影响黄秋葵出苗,黄秋葵幼苗的根、茎、叶均正常,可作为露地大田黄秋葵播后苗前除草剂大面积推广应用。

苗后可用精喹禾灵、高效氟吡甲禾灵等防除禾本科杂草,阔叶杂草人工拔除。化学除草剂可亩用10.8%高效氟吡甲禾灵(高效盖草能)乳油20~30ml加水15~30L,在杂草3~4叶期进行茎叶喷雾处理,对从出苗到分蘖、抽穗初期的野燕麦、稗草、马唐、狗尾草、牛筋草、野黍、早熟禾、千金子、看麦娘、黑麦草、旱雀麦、大麦属、匍匐冰草、芦苇、狗牙根、假高粱等一年生和多年生禾本科杂草有很好的防除效果,对阔叶杂草和莎草科杂草无效,对阔叶作物高度安全。或亩用5%精喹禾灵(精禾草克)乳油50~70ml对水30~40kg,在禾本科杂草3~5叶期均匀喷雾茎叶,可防治稗草、野燕麦、马唐、牛筋草、看麦娘、狗尾草、千金子、棒头草等旱田一年生禾本科杂草,对阔叶杂草无效。

第七章 黄秋葵质量安全与标准化生产

第一节 质量安全

蔬菜是维持人体健康所必需的维生素、矿物质和膳食纤维的主要来源。进入 21 世纪以来,世界蔬菜消费量年均增长 5%以上,而发达国家由于劳动力成本的原因,蔬菜生产不断萎缩,全球经济一体化和我国蔬菜产业大生产、大市场、大流通格局,这为我国蔬菜发展提供了更广阔的发展空间。经过 30 年的发展,我国蔬菜产业供求关系发生了重大变化,产品供给由长期短缺发展到总体数量充足、丰年有余,结构性、区域性和季节性过剩明显。据农业部 2015 年农业统计,全国蔬菜播种面积 3.3 亿亩、总产量 7.85 亿吨,按当年全国 13.7 亿人口计算、人均占有量 573kg,按每年 360 天计、每人每天 1.59kg,均居世界第一位。蔬菜是除粮食作物外,栽培面积最广、经济地位最重要的作物(图 7-1)。

蔬菜产业从传统为维持人们生存提供必需的基本食物,向满足身体健康,改善生活质量,增加农民收入转变。消费市场重心转向无公害、绿色蔬菜、有机蔬菜等高品质蔬菜,生产功能由数量型生产向质量型生产转型,在当前市场开放、菜源扩大、品种增多的形势下,以质取胜无疑是蔬菜产业转型升级的一大途径,而农药残留则是质量安全的焦点、热点、难点。黄秋葵作为食药两用蔬菜,一方面满足了城乡居民健康养生的消费需求,而对产品质量安全也就有更高诉求,不仅应具备营养、安全等内在品质,而且其鲜嫩度、色泽、形状及大小等外观品质也十分重要。

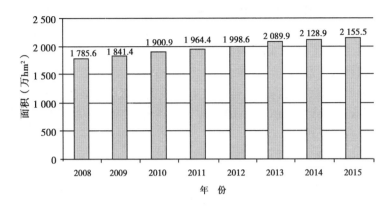

图7-1 2008—2015年全国蔬菜播种面积情况

一、质量标准

我国标准从制定和管理上看,分为国家标准、行业标准、地方标准和企业标准4种类型。安全质量标准分为无公害、绿色食品、有机食品等,一般由感官质量、理化质量、卫生质量三方面构成:

(一)感官质量

蔬菜产品的大小、形状、味道、色泽、口感、质地、风味等外观性状,就是凭借人体自身的眼、耳、鼻、口(包括唇和舌头)和手等感觉器官,对色、香、味、形和质地等进行综合性的鉴别和评价,还包括产品的整齐度、耐藏性和加工运输适性等。据《无公害食品多年生蔬菜》(NY 5230—2005)对黄秋葵感官要求:果实新鲜嫩绿、果内种子未老化、无明显缺陷(包括萎蔫、异味、变色、病虫害等)。据《绿色食品多年生蔬菜》(NY/T 1326—2015)对黄秋葵感官要求:同一品种或相似品种,成熟适度、色泽正常,新鲜、清洁,无腐烂、畸形、冷害、冻害、病虫害及机械伤,无异味、无明显杂质,同一包装内大小基本整齐一致。

(二)理化质量

理化质量是能够用物理或化学方法检测的质量的总和。用物理方法检定的指标一般包括硬度、可食部分的比例、出汁率、果形指数等,用化学方法检测的指标主要包括水分、碳水化合物、脂肪、蛋白质、维生素、矿物质和膳食纤维等营养成分的质和量,以及生物碱、芳香油和其他活性物质的含量。由于蔬菜的营养价值是由多种成分组成的,评估其营养价值方法主要有平均营养价值估算法、营养评分分类估算法、综合评价指数法、隶属函数法、综合营养值及营养供给单位法等。

(三)卫生质量

也称安全质量,是指直接关系到人体健康的品质指标的总和,主要是化学污染和生物污染的程度,包括表面的清洁程度,组织中的农药残留量、重金属含量及其他限制性物质如亚硝酸盐含量等的限量。在生长期间大量施用人粪尿时,主要是生物污染,如病菌、寄生虫卵等;在使用化肥、农药和污水灌溉时,卫生品质主要是硝酸盐累积、重金属富集和农药残留等,对此各国均有相应的标准或指标。

1. 农药残留

是指农药使用后残存于生物体、农副产品和环境中的微量农药原体、有毒代谢物、降解物和杂质的总称。随着农药大量生产和广泛使用,施用于作物上的农药,其中一部分附着于作物上,一部分散落在土壤、大气和水等环境中,环境残存的农药中的一部分又会被植物吸收,通过环境、食物链最终传递给人畜。国际上通常用最大农药残留限量(MRLs)作为判定农产品质量安全的标准,我们接触到较多的 MRLs 标准体系主要有:国际食品法典委员会(CAC)、欧盟、日本、澳大利亚和新西兰以及中国的 MRLs 体系。

我国《绿色食品多年生蔬菜》(NY/T 1326—2015)规定:黄秋葵污染物和农药残留限量应符合 GB 2762—2017、GB 2763—2016等食品安全国家标准及相关规定,同时符合克百威、氧乐果、水胺硫磷、毒死蜱、三唑磷、氯氰菊酯、氯氟氰菊酯、吡虫啉、啶虫脒、百菌清、多菌灵、三唑酮和苯醚甲环唑限量(单位为 mg/kg)≤0.01,

甲基硫菌灵限量(单位为 mg/kg)芦笋≤0.5、其他≤0.01。

据《无公害食品多年生蔬菜》(NY 5230—2005)黄秋葵重金属及有害物质安全指标(单位为 mg/kg):砷≤0.5、铅≤0.2、镉≤0.05、亚硝酸盐≤4,农药残留安全指标(单位为 mg/kg):毒死蜱、乐果和百菌清≤1,多菌灵≤0.5,氰戊菊酯和三氟氯氰菊酯≤0.2,其他有毒有害物质指标应符合有关法律、法规、行政规章和国家强制性标准的规定。而最新的《食品安全国家标准 食品中农药最大残留限量》(GB 2763—2016)规定,黄秋葵最大残留限量(mg/kg)代森锰锌≤2,丁硫克百威≤0.1,多杀霉素≤1,甲基硫菌灵≤2。

2. 重金属等有毒物质的污染

近年来我国农田土壤重金属污染问题日益严重,周辉等研究发现重金属污染是食品污染物中的一个重要环节,一部分来自于农作物对重金属元素的富集,另一部分则来自于蔬菜生产加工、贮藏运输过程中出现的污染。重金属含量超标主要是产地环境,特别是土壤受到污染所致。由于蔬菜产地大多在城市郊区,城市郊区又是城市环境污染的主要影响地区。未经处理的工业废水、废气、废渣的排放,是汞、镉、铅、砷等重金属污染的主要渠道,农业上施用的农药和化肥是造成污染的另一渠道,磷肥含有镉,其施用面广而且量大,可造成土壤、作物和食品的污染。

据世界卫生组织等报道,重金属在人体内的过量累积可诱发心血管、肾、神经和骨骼等器官病变甚至癌变。在这几种重金属中,铅对人体的危害最大,其次是砷和汞。铅对人体各系统均有毒害作用,主要病变在神经系统、造血系统和血管方面。神经系统方面,早期可出现高级神经机能障碍,晚期则可造成器质性脑病及神经麻痹。对造血系统,主要是铅干扰血红素的合成而造成贫血。铅对儿童的生长发育影响极大。幼儿大脑对铅污染更为敏感,严重影响儿童的智力发育和行为。儿童血液中铅的含量超过0.6μg/ml 时,就会出现智能发育障碍和行为异常。

砷在环境中由于受到化学作用和微生物作用,大都以无机砷和烷基砷的形态存在。不同形态的砷,其毒性相差很大。三价砷化合物的毒性大于五价砷化合物,砷化氢和三氧化二砷(俗称砒霜)毒性最大。口服三氧化二砷 5~50mg 即可中毒,60~100mg 即可致死。长期接触砷,会引起细胞中毒,有时会诱发恶性肿瘤,无机砷是皮肤癌与肺癌的致癌物质。砷还能透过胎盘损害胎儿。

汞通过食物链的传递而在人体蓄积,蓄积于体内最多的部位为骨髓、肾、肝、脑、肺、心等。汞对人体的神经系统、肾、肝脏等可产生不可逆的损害。汞对组织有腐蚀作用,与蛋白质结合,形成疏松的蛋白化合物。

镉进入体内可损害血管,导致组织缺血,引起多系统损伤;镉还可干扰铜、钴、锌等微量元素的代谢,阻碍肠道吸收铁,并能抑制血红蛋白的合成,还能抑制肺泡巨噬细胞的氧化磷酰化的代谢过程,从而引起肺、肾、肝损害。镉是人体非必需且有毒元素,可能具有致癌、致畸和致突变作用,特别是 20 世纪 60 年代研究人员提出了镉污染与日本"痛痛病"的因果关系后,镉污染与公众健康的关系日益受到人们的关注。

二、国外最大农药残留量值

CAC、澳大利亚、美国、日本、欧盟等对黄秋葵最大农药残留量值标准,据中国农药信息网上(数据更新于 2012-5-29,如果出现数据不一致,以相关国家和组织的官方发布文本为准)农药残留数据:CAC 和澳大利亚 MRLs(mg/kg)指标分别为 2 项;美国为 43 项;日本为 260 项(表 7-1 至表 7-3)。而欧盟黄秋葵最大残留量值,据厦门 WTO/TBT-SPS 通报咨询工作站整理资料多达 430 多项。

表7-1　黄秋葵最大农药残留量(CAC、澳大利亚)

农药名称	国际食品法典(CAC) (2 项)MRLs(mg/kg)	澳大利亚(2 项) MRLs(mg/kg)
溴离子	200	

（续表）

农药名称	国际食品法典（CAC）（2项）MRLs（mg/kg）	澳大利亚（2项）MRLs（mg/kg）
氯氰菊酯	0.5（C）	
甲萘威		10
氟氯氰菊酯		0.2（T）

表7-2 黄秋葵最大农药残留量（美国）

农药名称	美国（43项）MRLs（mg/kg）	农药名称	美国（43项）MRLs（mg/kg）
2,4-D	0.05	吡虫啉	1
灭螨醌	0.7	茚虫威	0.5
嘧菌酯	2	乳氟禾草灵	0.02
联苯肼酯	2	高效氯氟氰菊酯	0.2
联苯菊酯	0.5	马拉硫磷	8
噻嗪酮	4	双炔酰菌胺	1
克菌丹	0.05	硝磺草酮	0.01
甲萘威	4	甲氧虫酰肼	2
唑草酮	0.1	甲氧毒草安	0.5
百菌清	6	腈菌唑	4
氰霜唑	0.4	敌草胺	1
氯氰菊酯	0.2	百草枯	0.05
茚多酸	0.05	磷化氢	0.01
顺式氰戊菊酯	0.5	扑草净	0.05
咪唑菌酮	3.5	吡丙醚	0.02
唑螨酯	0.2	烯禾啶	2.5
氟啶虫酰胺	0.4	乙基多杀菌素	0.4
氟虫酰胺	0.3	多杀霉素	0.4
丙炔氟草胺	0.02	螺虫乙酯	2.5

（续表）

农药名称	美国（43 项） MRLs（mg/kg）	农药名称	美国（43 项） MRLs（mg/kg）
氟啶草酮	0.1	戊唑醇	1.2
草甘膦	0.5	氟乐灵	0.05
氯吡嘧磺隆	0.05		

表 7-3　黄秋葵最大农药残留量（日本）

农药名称	日本（260 项） MRLs（mg/kg）	农药名称	日本（260 项） MRLs（mg/kg）
丁硫克百威	1	倍硫磷	5
代森锰锌		三苯锡	0.05
多杀霉素	2	氰戊菊酯	0.5
甲基硫菌灵		氟虫腈	0.002
溴离子		啶嘧磺隆	0.02
氯氰菊酯	0.2	氟氰戊菊酯	0.05
1,1-二氯-2,2-双 （4-乙基苯基）乙烷	0.01	伏草隆	0.02
2,2-Dpa	0.1	氟氯菌核利	0.04
2,4-D	0.05	氯氟吡氧乙酸	0.05
4-Cpa	0.02	安硫磷	0.02
阿维菌素	0.01	乙膦酸	0.5
乙酰甲胺磷	5	噻唑磷	0.1
啶虫脒	1	呋吡菌胺	0.1
氟丙菊酯	1	呋线威	0.3
棉铃威	0.1	赤霉素	0.2
涕灭威	0.05	Glufosinate	0.1
艾氏剂和狄氏剂	0.06	草甘膦	0.2
敌菌灵	10	七氯	0.03

（续表）

农药名称	日本（260项）MRLs（mg/kg）	农药名称	日本（260项）MRLs（mg/kg）
Aramite	0.01	六氯苯	0.01
磺草灵	0.2	己唑醇	0.02
莠去津	0.02	氟铃脲	0.02
嘧菌酯	3	噻螨酮	2
燕麦灵	0.05	氰化氢	5
苯霜灵	0.05	磷化氢	0.01
丙硫克百威	1	噁霉灵	0.5
苄嘧磺隆	0.02	抑霉唑	0.02
地散磷	0.1	咪唑喹啉酸	0.05
灭草松	0.05	咪唑乙烟酸	0.05
苄腺嘌呤	0.02	吡虫啉	0.7
联苯肼酯	2	双胍辛胺	0.02
双丙氨膦	0.01	碘苯腈	0.1
生物苄呋菊酯	0.1	异菌脲	5
双苯三唑醇	0.05	Isouron	0.02
溴鼠灵	0.001	噁唑磷	0.1
Bromide	200	春雷霉素	0.05
Bromophos-Ethyl	0.05	醚菌酯	2
溴螨酯	0.5	环草定	0.3
克菌丹	5	林丹	2
甲萘威	10	利谷隆	0.2
Carbendazim, Thiophanate, Thiophanate-Methyl And Benomyl	3	马拉硫磷	8
克百威	0.5	抑芽丹	0.2

（续表）

农药名称	日本（260 项）MRLs（mg/kg）	农药名称	日本（260 项）MRLs（mg/kg）
唑草酮	0.1	双炔酰菌胺	1
Cartap，Thiocyclam And Bensultap	3	灭蚜磷	0.05
灭螨猛	0.5	硝磺草酮	0.01
杀螨醚	0.01	Metalaxyl And Mefenoxam	1
氯炔灵	0.05	Methacrifos	0.05
氯丹	0.02	甲胺磷	0.5
虫螨腈	0.7	杀扑磷	0.1
杀螨酯	0.01	甲硫威	0.05
氟啶脲	2	甲氧滴滴涕	0.01
Chloridazon	0.1	甲氧虫酰肼	2
矮壮素	0.05	禾草敌	0.02
乙酯杀螨醇	0.02	久效磷	0.05
百菌清	6	Monolinuron	0.05
枯草隆	0.05	腈菌唑	1
毒死蜱	0.5	烟碱	2
甲基毒死蜱	0.03	烯啶虫胺	1
氯酞酸甲酯	5	氧乐果	2
Chlozolinate	0.05	噁霜灵	5
环虫酰肼	0.7	喹啉铜	1
烯草酮	1	亚砜磷	0.02
炔草酯	0.02	百草枯	0.05
四螨嗪	0.02	对硫磷	0.05
异噁草酮	0.02	甲基对硫磷	1
Clopidol	0.2	克草敌	0.1
可尼丁	1	戊菌唑	0.05

（续表）

农药名称	日本（260 项）MRLs（mg/kg）	农药名称	日本（260 项）MRLs（mg/kg）
Copper Nonylphenolsulfonate	10	氯菊酯	3
Copper Telephthalate	0.5	苯醚菊酯	0.02
氰草津	0.05	稻丰散	0.1
杀螟腈	0.05	甲拌磷	0.3
乙氰菊酯	0.02	伏杀硫磷	0.5
噻草酮	0.05	亚胺硫磷	1
氟氯氰菊酯	0.1	辛硫磷	0.02
氯氟氰菊酯	0.5	鼠完	0.001
霜脲氰	0.05	增效醚	8
灭蝇胺	1	抗蚜威	1
Dazomet,MetamAnd-Methyl Isothiocyanate	0.5	甲基嘧啶磷	1
Dbedc	5	噻菌灵	0.1
Dcip	1	咪鲜胺	0.05
滴滴涕	0.5	腐霉利	5
Deltamethrin And Tralomethrin	0.5	丙溴磷	0.05
甲基内吸磷	0.4	调环酸	0.05
Di-Allate	0.05	扑草净	0.1
丁醚脲	0.02	敌稗	0.1
二嗪磷	0.1	炔螨特	3
除线磷	0.03	扑灭津	0.1
苯氟磺胺	5	丙环唑	0.05
2,4-滴丙酸	0.05	残杀威	2
Dichlorvos And Naled	0.1	戊炔草胺	0.1
哒菌酮	0.02	吡蚜酮	0.7

（续表）

农药名称	日本(260项) MRLs(mg/kg)	农药名称	日本(260项) MRLs(mg/kg)
三氯杀螨醇	3	吡唑硫磷	0.05
乙霉威	5	吡唑特	0.02
野燕枯	0.05	吡菌磷	0.05
除虫脲	0.05	除虫菊素	1
吡氟酰草胺	0.002	Pyridafenthion	0.03
氟吡草腙	0.05	吡丙醚	0.02
噻节因	0.04	喹硫磷	0.05
二甲嘧酚	0.2	Quinoclamine	0.03
乐果	1	五氯硝基苯	0.02
烯酰吗啉	1	苄呋菊酯	0.1
地乐酚	0.05	Sec-Butylamine	0.1
呋虫胺	2	烯禾啶	10
Dinoterb	0.05	螺虫乙酯	1
敌噁磷	0.05	甲磺草胺	0.05
二苯胺	0.05	丁噻隆	0.02
敌草快	0.05	四氯硝基苯	0.05
乙拌磷	0.5	氟苯脲	0.02
二硫代氨基甲酸盐	0.2	得杀草	0.05
敌草隆	0.05	特丁硫磷	0.005
埃玛菌素	0.2	杀虫威	0.3
硫丹	0.5	三氯杀螨砜	1
异狄氏剂	0.01	噻菌灵	2
Eptc	0.04	噻虫啉	5
乙烯利	0.05	噻虫嗪	0.7
乙硫磷	0.3	Thiodicarb And Methomyl	0.5

（续表）

农药名称	日本（260 项）MRLs（mg/kg）	农药名称	日本（260 项）MRLs（mg/kg）
乙氧喹啉	0.05	甲基乙拌磷	0.1
二溴乙烷	0.01	甲基立枯磷	2
二氯乙烷	0.01	三唑酮	0.2
醚菊酯	5	三唑醇	0.2
土菌灵	0.1	三唑磷	0.02
乙嘧硫磷	0.2	水杨菌胺	0.2
苯线磷	0.2	敌百虫	0.5
氯苯嘧啶醇	0.5	三氯吡氧乙酸	0.03
苯丁锡	0.05	三环唑	0.02
Fenchlorphos	0.01	十三吗啉	0.05
杀螟硫磷	0.5	氟菌唑	1
仲丁威	0.3	杀铃脲	0.02
恶唑禾草灵	0.1	氟乐灵	0.05
苯氧威	0.05	嗪氨灵	2
甲氰菊酯	2	蚜灭磷	0.02
芬普福	0.05	杀鼠灵	0.001
唑螨酯	0.02		

第二节 标准化生产

农产品质量安全是目前国际市场四大技术性贸易壁垒的最重要部分之一，已是一个国家政府在食品生产、加工、流通、对外贸易中最主要控制的领域。保障我国优质农产品在自给有余的基础上逐步扩大出口，顺应全球性发展潮流，标准化是必不可少的前提。"民以食为天，食以安为先"，在农产品质量安全事件频繁爆发、国际农产品贸易屡屡受阻的形势下,蔬菜的标准化生产,既是解决质量安全问题的重要举措,也是提高蔬菜种植效益和市场竞争力的有效途径。

近几年电子商务发展掀起了蔬菜等农产品网上营销的热潮,据波士顿咨询公司(BCG)与阿里研究院合作发布的《2016 年中国生鲜消费趋势报告》显示,从 2012 年到 2016 年,生鲜电商市场从 40 亿元人民币猛增至 950 亿元人民币,目前 7%的城镇生鲜消费已经发生在线上。预计线上生鲜消费将会继续保持高速增长,并在 2020 年占城镇生鲜总消费的 15%～25%。但蔬菜产品个体之间形态、色泽、大小、味道等各种天然差异,无论是内在品质还是外观标准难以达成一致,农产品的非标准化使生鲜电商无不大伤脑筋。

蔬菜标准涉及基础标准、种子质量标准、产品质量标准、生产和管理技术标准、卫生标准、环境保护标准和经济管理标准等,按质量评价体系可分为无公害食品、绿色食品、有机食品、HACCP 体系、ISO 9000 体系、GMP、GAP 等。近年来浙江、安徽、海南和辽宁等省先后发布实施了黄秋葵生产技术标准,为当地黄秋葵标准化生产提供了依据标准。浙江省制定的地方标准《黄秋葵生产技术规程》(DB33/T 991—2015)全文如下。

前　言

本标准依据 GB/T 1.1—2009 给出的规则起草。

本标准由浙江省农业厅提出。

本标准由浙江省种植业标准化技术委员会归口。

本标准起草单位:浙江省农业科学院农产品质量标准研究所、浙江省农业科学院蔬菜研究所、绍兴绿岛蔬菜专业合作社。

本标准主要起草人:徐明飞、杨桂玲、董文其、寿伟松、楼宇涛、虞冰、苍涛、孙彩霞、高安忠、聂向博、方道会。

1　范围

本标准规定了黄秋葵的产地环境、品种选择、播种育苗、定植、田间管理、有害生物防治、采收、采后处理和生产档案等内容。

本标准适用于黄秋葵的生产。

2　规范性引用文件

下列文件对于本文件的应用是必不可少的。凡是注日期的引用文件,仅所注日期的版本适用于本文件。凡是不注日期的引用文件,其最新版本(包括所有的修改单)适用于本文件。

GB/T 6543 运输包装用单瓦楞纸箱和双瓦楞纸箱

GB 9687 食品包装用聚乙烯成型品卫生标准

NY/T 496 肥料合理使用准则 通则

NY 525 有机肥料

NY/T 1655 蔬菜包装标识通用准则

NY 5010 无公害食品 蔬菜产地环境条件

DB33/T 873 蔬菜穴盘育苗技术规程

3　产地环境

产地环境应符合 NY 5010 的规定。

4　品种选择

根据当地气候条件、市场需求、产品利用方式,选择优质、抗性强、丰产性好的品种等。主要生产品种参见附录 A。

5　播种育苗

5.1　播种期

日平均气温稳定在15℃以上播种、定植。

5.2　育苗基质

5.2.1　商品基质

提倡采用符合 DB33/T 873 的蔬菜商品育苗基质。

5.2.2　营养土

选用 3 年未栽培过锦葵科作物的菜园土和腐熟农家肥按 7：3(体积比)配制营养土,另按营养土加 1kg/m³ 三元复合肥(含 N、P_2O_5、K_2O 各 15%),混合均匀,堆制 30d 以上。每立方米营养土,用 40%甲醛 250ml 对水 100 倍液或次氯酸钠 20g 对水 10L 喷洒拌匀后盖薄膜堆制 7d 以上。经药剂处理的营养土,在使用前 10d 打开。

5.3 育苗方式

5.3.1 穴盘育苗

采用蔬菜商品育苗基质,宜选用规格为 50 穴或 72 穴的育苗穴盘,育苗技术按 DB33/T 873 执行。

5.3.2 营养钵育苗

先在育苗盘播种,在子叶平展前后,分批将大小一致的秧苗定植于 8cm×8cm 或 10cm×10cm 的营养钵。

5.4 催芽播种

将种子放入清水中浸泡 1~2h,再将其浸入 55~60℃ 的热水并不断搅拌,保持 55℃ 水温 15min 后自然冷却,继续浸种 3~5h,将种子捞出洗净、晾干,再用湿毛巾包好,在 30~32℃ 下催芽,待一半种子露白时即可播种。播种后覆基质或细土 0.5~1cm,再覆盖薄膜。定植 667m² 大田需准备种子 150~200g。

5.5 苗期管理

发芽期和苗期昼温应尽量保持 25~32℃,夜温不低于 15℃。种子 1/3 顶土后及时揭膜,育苗土保持见干见湿。

5.6 壮苗标准

苗龄 30~35d,3~4 片真叶,株高 10~15cm,茎粗 0.5~0.8cm,叶片肥厚,无病虫,根系发达。

6 定植

6.1 整地

定植前 10~15d 结合整地每 667m² 施腐熟农家肥 1 500~2 000kg、钙镁磷肥 50kg、45% 高氮高钾复合肥 20~30kg。可用商品有机肥替代传统农家肥,每 667m² 商品有机肥 300~500kg,商品有机肥应符合 NY 525。施基肥后土壤深翻 20~30cm,作畦耙细整平,畦宽连沟 120~150cm,高 20~30cm,沟宽 30cm,提倡采用地膜覆盖。

6.2　移栽

选择晴天傍晚或阴天定植,定植前苗床浇水。每畦定植 2 行,株距要求根据不同品种适当调整。带基质或土定植,定植后浇含氮 0.1%的定根水。

7　田间管理

7.1　肥料使用

7.1.1　原则

根据土壤肥力和目标产量,按 NY/T 496 的规定进行合理平衡施肥,适当增施钾肥。

7.1.2　追肥

定植 7~14d 浇一次含氮 0.1%~0.2%的缓苗水。采收期间隔半月追肥 1 次,每次每 667m² 施 45%高氮高钾复合肥 5~10kg,共追施 2~3 次。采收期每半月叶面喷施 0.2%~0.3%磷酸二氢钾溶液 1 次。

7.2　水分管理

生长期间保持田间土壤湿润,无积水。

7.3　培土与整枝

7.3.1　培土

定植后培土 1 次,大风雨季清沟培土;开花结果盛期中耕、除草、培土,防止植株倒伏。

7.3.2　整枝

提倡单秆整枝,也可视苗及肥力供给情况采取双秆或多秆整枝,除预留的侧枝外及时打掉侧枝及基部黄叶。

7.4　除草

提倡人工或机械除草,配套养鸭或鹅除草、地膜覆盖防草等。

7.5　清洁田园

采收结束后,将植株连根拔起,并运出田外集中无害化处理。

8 有害生物防治

8.1 主要病虫害

猝倒病、蚜虫、斜纹夜蛾等。

8.2 防治原则

遵循"预防为主,综合防治"的植保方针,优先采用农业防治、物理防治、生物防治,合理使用高效低毒低残留化学农药,将有害生物危害控制在经济允许阈值内。

8.3 农业防治

宜与非锦葵科作物轮作,选用抗病品种和无病种苗。合理安排生产茬口,加强田间管理,改善株间通透性,合理灌溉,科学施肥。及时中耕除草,清除并集中处理黄秋葵植株残体。酸性土壤(pH 值<6),整地前每667m² 施用生石灰 50~100kg,冬季深翻耕冻土。

8.4 物理防治

8.4.1 黄板诱杀

蚜虫等害虫可用黄板进行诱杀,在植株群体上方20~30cm 按每亩 放置25~30 块(规格:25cm×40cm)。

8.4.2 昆虫性诱剂诱杀

斜纹夜蛾专用诱捕器在田间放置间距为 30~50m,放置高度以高于植株 20~30cm 为宜。

8.4.3 灯光诱杀

选用杀虫灯诱杀斜纹夜蛾等夜蛾害虫,每20 000m²(30亩)放置 1 盏杀虫灯。

8.5 化学防治

苗期猝倒病在齐苗后采用 72.2g/L 的霜霉威盐酸盐 500~800 倍液喷雾 1 次,间隔 10d 再采用 70%代森锰锌可湿性粉剂 500~800 倍液喷雾 1 次。

9 采收

根据不同品种特性,一般花谢后3~5d 采收嫩果上市。收获盛期每天或隔天采收 1 次,收获中后期一般 3~4d 采收一次。黄秋葵茎、叶、果实上都有刚毛或刺,避免接触皮肤,采收时宜用剪刀,并戴手套。

10　采后处理

10.1　采后用简易,包装容器(框、箱、袋)应清洁、牢固、透气、无毒、无污染、无异味。每个包装单位不宜超过 20kg,包装箱或袋上应有明显标识,符合 NY/T 1655 的规定。

10.2　短期冷藏保鲜的用塑料薄膜袋包装并装箱,袋质量符合 GB 9687,纸箱质量符合 GB/T 6543。内包装采用蔬菜专用保鲜袋,厚度为 0.03~0.05mm。

10.3　贮藏按品种、规格不同分别包装贮藏在产品专用库。贮藏温度为 1~3℃。库内堆码应保持气流流通,温度均匀,不应与有毒有害物质混放。

11　生产档案

应建立健全农药、肥料等农业投入品使用档案和生产档案,档案保存期为 2 年以上。

12　附录(略)

附录 A(资料性附录)黄秋葵主要生产品种简介。

附录 B 标准化生产模式图。

第八章　黄秋葵茬口布局模式

第一节　大棚黄秋葵—鲜食蚕豆—豇豆—芹菜高效栽培模式

王陈等根据高效优质、用地养地结合、合理时空配置原则,在江苏南通市研究开发"大棚黄秋葵—蚕豆—豇豆—芹菜"二年四熟高效种植新模式,在2年一个轮作周期内,4种作物总产量8 800kg,总产值34 500元,其中每亩黄秋葵2 300kg、产值13 800元,蚕豆产量1 200kg、产值4 800元,豇豆产量1 800kg、产值5 400元,芹菜产量3 500kg、产值10 500元。

一、茬口安排

黄秋葵2月上中旬播种,10月下旬采收结束;鲜食蚕豆11月上旬直播,翌年4月采收结束;豇豆第二年5月育苗,6月定植,8月采收结束;芹菜9月直播,1月收获。

二、技术要点

（一）大棚黄秋葵栽培技术

1. 播种

从3月下旬开始直播。棚内套小拱棚直播,可提早到2月上中旬播种。播前用30~35℃温水浸种10小时。按行距70cm、株距50cm,每穴播种2~3粒,覆土2~3cm进行。播后于膜下暗沟浇透水一次。

2. 苗期管理

发芽期昼温保持28~30℃,夜温不低于15℃;出苗后白天温度维持在 25~30℃、夜温 13℃ 以上,地温 18~20℃。防止水涝,偏干管理。第一片真叶展开时进行第一次间苗,去掉病残弱苗;当 2~3 片真叶展开时定苗,每穴留一株壮苗。

3. 花荚期管理

温度:白天保持 25~30℃,夜温不低于 15℃;6 月中旬可全揭大棚膜露天栽培。肥水管理:开花结荚期每 20~30 天追肥 1 次,每亩穴施 45% 复合肥 10kg。整个采收期内,每 15 天叶面喷施 0.2% 磷酸二氢钾一次。视田间墒情,结合追肥灌水,田间相对湿度保持在 60%~70%。培土与整枝:生长前期将叶柄扭成弯曲状下垂。生长中后期,及时剪除已采收过嫩果的各节老叶。侧枝过多的,适当整枝。主要虫害药剂防治:主要虫害为蚜虫和蓟马,可用 10% 吡虫啉可湿性粉剂 1 500 倍液喷雾防治。安全间隔期为 7 天。

4. 采收

植株开花后 2~3 天采收嫩果,用剪刀剪断果柄。收获盛期一般每天或隔天采收 1 次,收获中后期一般 2~3 天采收 1 次。做好生产记录并保存两年。

(二)大棚鲜食蚕豆栽培技术

1. 品种选择

选择抗病虫、抗倒伏、适宜当地的优质、早熟、丰产的菜用型品种。通鲜 1 号、通鲜 2 号、通蚕鲜 6 号等。种子选用标准:①无病斑、虫眼或霉变;②粒形显示本品种自然特征;③无机械损伤裂痕;④粒大饱满,均匀干净,种子纯度 98%。

种子处理可先在太阳下暴晒 2~3 天,后用 55℃ 水浸种 10~15 分钟,最后室温下清水浸种 24 小时,从源头上防治病虫害发生,提高种子的发芽势和发芽率。

2. 施足基肥

集中销毁前作遗弃于地块的残渣,妥善处理农膜,清除杂草。深耕土层后,每亩撒施腐熟的优质农家肥 1 500~2 000kg、过磷酸钙 25~30kg、硫酸钾 8~10kg、尿素 5kg 作基肥,深翻入土,耙平地块,使土壤疏松细碎。

3. 播种

宜在 10 底至 11 月初进行,不能腾地的可芽苗移栽,3 000株/亩。穴距 30cm,行距根据棚宽调整,拉线点播,每穴粒为 1-2-1 形式,即第 1 穴 1 粒,第 2 穴 2 粒,第 3 穴 1 粒以此类推。种子入土深度在 3~5cm,适当深播,能促进根系发达、养分汲取和抗风防倒。

4. 及时上棚合理调控

蚕豆是耐寒、喜温作物,为促进蚕豆生长发育,主茎多分枝,当蚕豆植株安全通过春化阶段后,一般日平均气温低于 10℃ 以下时应及时上膜,棚内要备有温度计,以便调控。苗期营养生长的最适温度为 14~18℃,因此,上膜后注意通风,最高温度不要超过 25℃,开花期最适温度为 16~20℃,结荚期为 16~22℃,因而整个开花结荚期,最低温度不低于 10℃,中午棚内最高温度不高于 30℃,否则造成花粉败育,只开花不结荚。

5. 加强肥水管理

大棚蚕豆长势旺盛,分枝多需肥量大,因而施肥上要比露天栽培要多。在施足基肥的基础上,苗期看苗追肥,在开花结荚期要重施花荚肥,提高结荚率和商品率,可亩施三元复合肥 30~40kg,以磷增氮、保钾增产。

大棚蚕豆由于棚内温度高,腾发量大,加之棚膜的遮挡,雨水无法入内补充土壤水分,容易造成蚕豆失水过快而萎蔫,因而要注意及时补水,特别是开花结荚期。苗期—开花期田间持水量保持 70%左右,结荚期田间持水量保持在 80%左右,即所谓“干花湿荚”。灌水可结合施肥,采用沟灌渗透法,忌漫灌,有条件采用滴灌。

6. 适时打顶,保花增荚

通过去除蚕豆无效枝和打顶尖,达到减少养分消耗,改变光合产物分配方向,保证由营养生长转入生殖生长阶段对养分的需求,减少花而不实现象,提高结荚结实率,增加产量。当 50% 植株出现第一个鹰爪荚,且主茎长到复叶出现 7 叶,基部有 1~2 个分枝芽时摘心、打去主茎,初花期去分枝,盛花期打顶。打顶时要掌握好以下几点,一是在晴天摘,二是摘蕾不摘花,三是摘实不摘空,四是要轻摘一般摘除顶部 2~3cm 即可。

7. 病虫害防治

病害主要是赤斑病、锈病。防治方法有:①选用抗病品种;②合理轮作,适期播种;③清除病残枝,加强田间管理,提高植株的抗病能力;④必要时,赤斑病防治每亩用 70% 甲基托布津可湿性粉剂 1 000~1 500 倍液喷雾,安全间隔期≥23 天;锈病防治每亩用 15% 粉锈宁可湿性粉剂 1 500~2 000 倍液喷雾,安全间隔期≥25 天。害虫主要是蚜虫。其防治可采取摘尖,即在个别植株上出现"蜡棒"或为害症状时,摘除到田外销毁。必要时每亩用 50% 抗蚜威可湿性粉剂 2 000~3 000 倍液喷雾,安全间隔期≥21 天。

8. 适时采收

一般在开花后 40 天左右,豆夹浓绿而略向下倾时,分批采收,可自下而上分 3 次至 4 次采收

(三)豇豆栽培技术

夏季豇豆因温度高,温差小,降水量大,荚豆易鼓籽且病虫害严重。因此栽培技术不同于春季。栽培目标不是追求产量高,而是商品性要好,抗病性要强,夹条色泽适合特定市场的消费习惯。大致要注意以下几个环节。

1. 品种选择

在保证色泽适宜,高温不鼓籽,抗病性强的基础上,尽量选择丰产品种。如奇丽豇豆、全王豇豆、奇丽早生、奇美等品种。

2. 整地施肥

亩施复合肥 30kg,硼砂 1kg(三年施一次),钼酸铵 50g,商品有机肥 1 000kg。犁地时施入 40% 毒死蜱 400ml,防治地下害虫。

起高垄,地面用60cm黑色地膜按行距覆盖,既可以防止生长杂草又可以保墒防涝。

3. 播种

夏豇豆往往因肥及雨水多,造成营养生长优于生殖生长,枝繁叶茂。因此,其密度比春播、秋播要稀。其适宜的密度为株行距(30~35)cm×60cm,亩播3 300~3 500穴,每穴播籽3粒。双行播种,留壮苗7 000株/亩以上。

4. 幼苗期管理

温度高栽培幼苗期很短,从出苗到甩蔓只有15~20天。管理要点主要是防病,控肥。一般用10%腈菌唑乳油40ml灌根,防治豇豆基腐病。

5. 爬架期管理

从甩蔓到爬满架管理以控水控肥为主,保持土壤墒情在黄墒状态即土壤含水量在60%~70%。爬满半架前不要施肥,尤其是氮肥绝对不能施。注意防治病虫害,一般用10%腈菌唑60ml加氯虫苯甲酰胺混合喷药。降雨量大时要加入代森联等保护性杀菌剂。植株生长点超过架杆时及时摘心打顶。

6. 结荚期管理

一是水肥管理要跟上,特别是氮肥要施足,但是一次施肥量不能过多,施肥位置不能太靠近植株,离植株40cm以外,过近过多易造成落叶和鼠尾。一般可亩施尿素10~15kg,施后要及时浇水。二是合理安全用药防治虫害。主要病虫害有:豆荚螟、锈病、灰霉病。禁止使用高毒农药。一般用氯虫苯甲酰胺7天喷一遍就可以杀死95%的害虫,且残留少。三是防治病害。前期主要是炭疽病,叶斑病,后期主要是白粉病。一般用药是治疗剂加保护剂混合使用,如腈菌唑加代森联,禁用三唑酮。保证一场雨后喷一遍药,或一星期喷一遍药。四是合理使用叶面肥,可以使豆荚更漂亮。一般在防病治虫时用硝酸钾加复硝酚钠混合喷洒。常用叶面肥有高钾宝等。

7. 采收

夏季豇豆采收原则是宜早不宜迟,只要豇豆长到接近本品种长度时,即可在早上采收上市。

(四)芹菜栽培技术

大棚芹菜栽培可采用育秧移栽或直播方法,直播芹菜没有缓苗期,比移栽芹菜提早上市 10~15 天。

1. 品种选择

芹菜要求清香味浓、质地脆嫩、纤维素少而无渣。根据多年的种植,黄心芹和津南实芹两品种较适应市场。

2. 栽培要点

施入有机肥 1 000~2 000kg/亩,8m 大棚筑 5 畦,畦幅 1.2m,沟宽 0.2m,株行距 8cm×10cm,用种量 200g/亩。

(1)在播种前,将种子搓去外壳进行低温催芽。先用凉水浸泡 6~12 小时,去掉浮籽再浸 12 小时,然后将种子用纱布装好放入 5℃左右冰箱保鲜室 1~3 天;处理后的种子与 5 倍细沙拌和,放在 15~18℃见光地方,每天翻动 1~2 次,保持细沙湿润状态(发现沙子见干时补充少量水分),经 5~7 天当 80%种子发芽即可播种。

(2)播种后直接在畦面喷水淋透,视土壤墒情隔几天喷一次水,直至出苗(一般 10 天左右就可出苗)。出苗后要及时间苗,防止挤苗,使苗匀苗壮。播后 1 个月株高达 20cm 左右施一次三元复合肥 25kg/亩。生长期间视土壤墒情浇水 2~3 次,遇到干旱时适当增加水分,促进芹菜生长。生长中后期,每隔 5~7 天追施 1%尿素液,要勤施薄施;适时喷施含硼、钙、镁等元素的叶面肥,防止心腐、叶柄开裂。

(3)大棚管理。整个生长期间,白天两头通风,夜间闷棚保温。遇到寒潮要闷棚保温,下雪时要及时清除棚膜上积雪,防止压垮棚膜。

(4)病虫害防治。加强监测,及时用药控制主要病虫的为害,严格掌握安全间隔期。芹菜斑枯病、早疫病：可用60%氟吗·锰锌600倍液、75%百菌清800倍液喷雾；或用250g/亩百菌清烟熏剂防治。病毒病：除了做好种子消毒外，还应拔除初发中心病株及时防蚜，发病初期可用2%菌克毒克（宁南霉素）200倍液防治。菌核病：40%菌核净2 000倍液防治。软腐病：可在发病初期用72%农用链霉素3 000倍液，或用30%DT500倍液防治。线虫病：可在发病初期用50%辛硫磷1 500倍液，或用80%敌敌畏1 000倍液，或1.8%阿维菌素2 000倍液防治。蚜虫：可用吡虫啉防治。心腐病、茎裂病：为生理性病害，可喷翠康钙宝800~1 000倍液、翠康金朋液2 000倍矫治。

（5）收获。1月中旬芹菜株高达到40cm，单株重35g左右即可采收上市。

第二节　早春黄秋葵—秋芫荽高产高效栽培模式

李晓霞结合江苏南通市通州区蔬菜生产实际，介绍了一种适用性强、效益好的种植模式，即早春黄秋葵—秋芫荽高效栽培模式。采用该模式可更好地适应市场行情，产品上市早且上市期长，每亩产黄秋葵2 000kg、产值40 000元，产芫荽800kg、产值3 200元，全年总产值43 200元。

一、茬口安排

1. 早春黄秋葵

大棚栽培早春黄秋葵，于1月上、中旬播种育苗，2月下旬定植，可覆盖多层膜，保证早春早上市，10月中旬采摘结束。

2. 秋芫荽

早春黄秋葵采收后种植芫荽，于10月下旬播种（直播），随温度降低，可重新覆上薄膜，在保证温度的情况下进行种植，采收一直可持续到翌年2月。

二、早春黄秋葵栽培技术要点

1. 品种选择

选择中早熟矮生型,较适宜于保护地栽培,果实青绿色且肉质柔嫩的品种种植。

2. 播种育苗

采用营养钵播种育苗,在性能较好的日光温室内进行,外盖 1 层草帘。播种期以 1 月上、中旬为宜。播种前用 20~25℃温水浸种 12 小时,擦干后于 25~30℃下催芽 48 小时,待 50%种子露白时即可播种,每个营养钵播 2 粒种子,覆土 1cm。播后保持白天温度 25~30℃,夜间温度 15~20℃,若遇灾害性低温天气,需进行临时加温,以保证室温最低不于 8℃。一般播后 4~5 天即发芽出土,幼苗出土后需降温,白天温度 22~30℃,夜间温度 13~20℃。第 2 片真叶长出时进行间苗,选留壮苗,每穴留 1 株,培育适龄壮苗。

3. 整地作畦

黄秋葵不宜连作,也不能与果菜类蔬菜接茬,以免发生根结线虫。最好选根菜类、叶菜类等蔬菜作前茬。土壤以土层深厚、肥沃疏松、保水保肥的壤土为宜。冬前作物收获后,及时深耕,每 $667m^2$ 撒施腐熟农家肥 5 000kg、氮磷钾三元复合肥 20kg,混匀耙平作畦,畦沟宽 50cm。

4. 定植

当幼苗长出 3~4 片真叶、苗龄达 30~40 天时即可定植。定植前 7 天降温炼苗。定植时选晴好天气,按株距 30~35cm 打孔定植。定植后封严定植孔,每 $667m^2$ 栽植 4 000株左右,定植后立即于膜下暗沟浇透水 1 次。

5. 田间管理

(1)温度管理。定植后闭棚增温促进缓苗,保持白天温度 28~32℃、夜间温度 18~20℃,缓苗后降温,白天温度 25~28℃、夜间温度 15~18℃,温度调节主要依靠及时揭盖草帘和放风。当夜间温度低于 8℃时,在温室内设火炉架烟筒加温。5 月中旬夜间温度稳定在15℃以上时进行昼夜通风。阴雨天要在中午适时揭草帘,争取较多光照,外界温度过低时要晚些揭、早些盖。

(2)肥水管理。黄秋葵定植后至第一朵花开放一般不进行追肥浇水。结荚后开始追肥浇水。浇水要在晴天上午进行,在膜下浇小水,浇水后闭棚升温,以提高地温,并随水每亩追施复合肥20kg,以后每5~7天浇水追肥1次,以保持土壤湿润为度。

(3)植株调整。黄秋葵在正常条件下植株生长旺盛,主侧枝粗壮,叶片肥大,往往开花结果延迟。可采取扭枝法,以控制其营养生长,即将叶柄扭成弯曲状下垂。生育中后期及时摘除已采收嫩果以下的各节老叶,既能改善通风透光条件,减少养分消耗,又可防止病虫蔓延。采收嫩果者需适时摘心,以促进侧枝结果、提高早期产量。

(4)激素保花。早春温度低时,可用番茄灵50~60ml/L溶液涂抹柱头,提高坐果率达95%。结荚盛期每隔15天喷1次高美施600~800倍液或其他叶面肥。

6. 采收

黄秋葵从播种到第一嫩果形成需55天左右,整个采收期长达90~120天,全生育期可达150天左右甚至更长。黄秋葵商品性鲜果采摘标准以果长8~10cm、果外表鲜绿色、果内种子未老化为度,通常于花谢后4天采收嫩果,此时品质最佳。如采收不及时,肉质老化,纤维增多,商品食用价值大大降低。一般第一果采收后,初期每隔2~4天采收1次,随温度升高,采收间隔缩短;8月盛果期应每天或隔天采收1次;9月以后气温下降,每隔3~4天采收1次。采收时宜用剪刀,并套上手套,以免茎、叶、果实上刚毛或刺瘤刺伤皮肤。一般单株产量为1.5kg左右,每亩产量可达2 000~3 000kg。

三、秋芫荽栽培技术要点

芫荽就是香菜,为一年生或二年生、有强烈气味的草本植物。根纺锤形,细长,茎圆柱形,根生叶有柄。叶片羽状全裂,叶质薄嫩,营养丰富,生食清香可口,且生长期短,一般不发生病虫害,也不用农药防治,可以说是无污染蔬菜。

芫荽不耐高温,喜温凉,春、夏、秋季均可种植,但高温季节栽培,易抽薹,产量和品质都受到影响,一般以秋种为主。芫荽能耐-1~2℃的低温,适宜生长温度为17~20℃,超过20℃生长缓慢、30℃则停止生长。对土壤要求不严,但以结构好、保肥保水性能强、有机质含量高的土壤有利于芫荽生长。

1. 施足基肥,细整地

芫荽生长期短,主根粗壮,系浅根性蔬菜,且芽软、顶上力差、吸肥能力强,播种前要随耕翻每亩施腐熟农家肥4 000~5 000kg,复合肥 10~15kg 作基肥。然后耙细整平作畦,一般畦宽 1m。畦面要求土壤细碎、疏松,平整。

2. 品种选择

芫荽品种有大叶型和小叶型。大叶型品种植株较高,叶片大,产量较高;小叶型品种植株较矮,叶片小,香味浓,生食、调味和腌渍均可,耐寒,适宜秋季种植,适应性强,但产量较低。适合通州地区保护地栽培的品种有"山东大叶""北京香菜"、"原阳秋香菜"、"青梗香菜"和"紫梗香菜"等。

3. 播种

芫荽种子为半球形、外包着一层果皮。播种前应先把种子搓开,以防发芽慢和出双苗,影响单株生长。一般于 10 月下旬播种。条播行距 10~15cm,开沟深 5cm;撒播开沟深 4cm。条播、撒播均盖土 2~3cm,每亩用种量 3~4kg。播后用脚踩 1 遍,然后浇水,保持土壤湿润,以利出苗。由于芫荽出土前的土壤板结,幼苗顶不出土的现象时有发生,应于播后及时查苗,如发现幼苗出土时有土壤板结现象,要抓紧时间喷水松土,以助幼芽出土,促进其迅速生长。

4. 田间管理

入冬前灌 1 次冻水,以利幼苗越冬。1 月扣棚,1—2 月无须通风透气。待苗高达 10cm 时,植株进入旺盛生长期,大棚温度保持在 15~25℃。为创造芫荽松软舒适的生育环境和有利于其生长发育的生活条件,多次细致地中耕、松土、除草是关键。当幼苗长到 3cm 左右时,及时进行间苗、定苗。一般整个生长期中耕、松土、除草 2~3 次,第 1 次在幼苗顶土时,用轻型手扒锄或小耙子进行轻度破土皮松土,消除板结层,同时拔除早出土的杂草,以利于幼苗出土苗壮生长;第 2 次于苗高 2~3cm 时进行,条播的可用小平锄适当深松土,并拔除杂草,第 3 次在苗高 5~7cm 时进行。待叶片封严地面后,无论是条播或撒播,不再中耕松土,只需进行几次拔草即可。

芫荽不耐旱,必须每隔 5~7 天轻浇 1 次水,全生育期共浇水 5~7 次,经常保持土壤湿润。生育中期每亩追施硫酸铵 15kg,可追肥 1~2 次,以保证芫荽生长良好,提前收获。

5. 收获及贮存

芫荽在播种后 40~60 天,便可收获。收获可间拔,也可一次性收获。除近期食用外,还可贮藏,供在冬春食用。贮藏多采用埋土冻法。食用前取出放在 0~10℃阴凉处缓缓解冻,仍可保持鲜嫩状态,色味不减。

第三节 出口蔬菜小松菜、地刀豆、黄秋葵优质高效种植模式

王萍等在 2005 年对江苏如东县丰利镇连续三年种植出口蔬菜小松菜、地刀豆、黄秋葵调查,平均亩产小松菜 2 258.9kg、地刀豆 1 187.5kg、黄秋葵 1 042.3kg,年亩收入 3 550元,取得较好的经济效益。

一、茬口安排

小松菜一般于 10 月上旬播种,12 月中下旬收获;地刀豆于 3 月下旬采取地膜直播,6 月初始收,6 月中下旬收获结束;黄秋葵于 4 月初采取营养钵育苗,5 月下旬移栽,6 月下旬始收,9 月底收获

结束。

二、栽培要点

1. 小松菜

选用"极乐天"等优质高产抗病品种,整地时一般畦宽 2m,畦高 25~30cm;亩施优质腐熟人畜粪肥 2 000~2 500kg 加 28%绿野复合肥 40kg 加碳铵 25kg。10 月上旬机条播,行距 12cm,播深 2~3cm,一般亩播种量 300~325g。肥水合理运筹,播种时外界气温较高,土壤水分蒸发快,必须加强水分管理,浇水应轻浇、勤浇,保持土壤湿润。2 片真叶时,适当间苗;3~8 片真叶时,追肥 2~3 次,每亩用尿素 8~15kg。及时防病治虫,防治菜青虫、小菜蛾、甜菜夜蛾,可用 2.5%溴氰菊酯乳油 2 000~2 500 倍液或 50%抑太保乳油 1 500~2 000 倍液喷雾;防治蚜虫,可用 50%抗蚜威水分散粒剂 2 000 倍液喷雾。整个生长期间,可结合防病治虫喷施液体活力素,以促进叶片增厚及提高色泽。采收标准,当小松菜高度达 30~35cm 时即可采收,采收时留根 1cm,植株不抽薹,叶片无斑点。

2. 地刀豆

可选"86-1"等优质高产的矮生品种。播前亩施腐熟人畜粪肥 2 000~2 500kg,加 28%绿野复合肥 40kg。3 月下旬采用地膜覆盖,开行直播,大行距 120cm,小行距 40cm,穴距 30cm,每穴 2~3 粒。肥水管理原则是前控后促,开花结荚前,适度控制浇肥水;结荚初期,当幼荚 3~4cm 长时浇一次肥水;结荚盛期每采收一周追肥一次,亩施尿素 5~10kg 加氯化钾 5~10kg;采收后期为防止植株早衰,可喷施叶面肥,亩用活力素 50g 对水 60kg 叶面喷雾。及时防病治虫,防治锈病用 15%三唑酮可湿性粉剂 1 000~1 500 倍液喷雾;防治炭疽病、根腐病可用 70%甲基托布津可湿性粉剂 800~1 000 倍液喷雾。采收标准,豆荚色泽淡绿,光泽度好,荚果直径不超过 0.9cm,无病虫斑,无畸形。

3. 黄秋葵

可选矮秆早熟、果色翠绿的优质品种,如"五龙 1 号"等。一般于清明前后采取小拱棚覆盖育苗,每亩需制足5 000钵;栽前需施足基肥,基肥开槽深施于地刀豆大行,亩施腐熟人畜粪肥2 000kg加高浓度复合肥30~40kg。

当黄秋葵苗龄30~40天,叶龄3~4叶时适时套栽于地刀豆大行,大行距120cm,小行距50cm,株距30~33cm,亩密度3 500~4 000株。肥水合理运筹,黄秋葵一生需追肥3次,第一次为醒棵肥,亩施薄粪水750kg加尿素8kg;第二次追肥适期为采收2~3个嫩芽后,亩施尿素8kg加高浓度复合肥20kg;第三次追肥为盛果期,即株高达0.8~1.0cm时,亩施尿素10kg,以防后期早衰。及时整枝,采取单秆整枝,基部侧枝全部清除。适时防病治虫,苗期立枯病用75%百菌清可湿性粉剂600~800倍液喷雾;蚜虫用50%抗蚜威水分散粒剂2 000倍液喷雾;盲蝽象用5%锐劲特乳油2 000倍液喷雾。采收标准,嫩果长6~9cm,果柄长1cm,果色翠绿,无病虫斑,无畸形。

第四节　大蒜间作套种秋葵高产优质高效栽培模式

孟庆华等针对山东省秋葵纯作效益比较低、自然条件限制大蒜—秋葵一年两熟等问题,提出了大蒜、秋葵间作套种的种植模式,生产实践表明,秋葵与大蒜间套作,每公顷可产鲜蒜49 500~67 500kg、秋葵嫩荚12 000~19 500kg,经济效益达到纯作秋葵的3倍以上。

一、茬口安排

秋葵四月初育苗(一般气温在12℃左右)开始点种上苗床,5月20日前后移栽。大蒜播期在10月15日前后,掌握5cm地温15~16℃播种。

二、主要技术措施

蒜套秋葵栽培技术必须立足于一个"早"字,创造秋葵适时早播种、早移栽的基础条件。在栽培管理上,突出抢、管,促进早腾茬,促秋葵早发、早熟,为下茬蒜适时种植创造条件。选择适宜大蒜、秋葵的种植方式,栽培管理都应围绕大蒜、秋葵两季早熟、优质高产的要求,采取相应的配套技术。

1. 深耕整地,增施肥料

选用有机质较高、土层深厚、平坦、保水条件好的土地种植。前茬作物收后,及时进行翻耕晒垡,熟化土壤,整平耙细。在施肥上掌握以积肥为主,施足有机肥,要求秋葵基肥在种蒜时一次施足。

2. 选择适于间套的大蒜、秋葵品种

大蒜选用苍山蒜、金乡红皮等,秋葵选用中早熟品种。

3. 安排合理的种植方式

采用4.5m畦,一畦种18行蒜6行秋葵。大蒜密度:蒜薹、蒜头并重的每亩(下同)3.5万株,以蒜头为主的2.5万株。秋葵育苗移栽中早熟品种,密度5 000~6 000株,行距0.54m左右、株距0.2m左右。

4. 适时播种

适时播种是大蒜丰产的重要措施。应以大蒜、秋葵兼顾的原则,适当推迟大蒜播期至10月15日前后,随拔秋葵随整地,掌握5cm地温15~16℃播种大蒜、13~14℃出苗,提高栽种质量,造足墒,施足肥,以工补迟,"促"字当头,促晚苗赶早苗,增强越冬抗寒能力。为了促进早出苗,亦可推广一膜两用,大蒜播后平覆膜。

5. 大蒜田间管理

(1)安全越冬,确保全苗。增加田间持水量,划锄覆盖农家肥或杂草。

(2)肥水管理。浇水:大蒜一生应浇5水,即蒙头水、越冬水、返青水、抽薹水、膨大水。浇水要根据降水情况和大蒜长势决定。提收蒜薹前3~4天、收蒜头前5~7天停止浇水。施肥:每亩(下同)基施土杂肥3 000~5 000kg,三元复合肥50kg。追肥4次,一是惊蛰前后的提苗肥,一般施尿素10kg、氯化钾5kg;二是清明前后,配合秋葵播种,施优质圈肥 2 000kg、尿素 5~10kg、磷酸二铵 20kg。三是立夏前后,施尿素 10kg(抽薹肥);四是提薹后的膨大肥,施尿素 5~10kg。施肥浇水后要注意中耕,以保墒增温。

(3)及时防治病虫害。可喷施 40%多菌灵等杀菌剂防治大蒜叶枯病、锈病、叶枯病。可用 40% 甲基异柳磷 2 000倍液。

6. 秋葵的栽培管理

(1)营养钵育苗移栽。采用双膜育苗或拱棚育苗,技术要点如下:①适期早播,4 月初育苗(一般气温在 12℃左右)开始点种上苗床。②选用优良品种,以抗病、抗虫、优质、高产的中熟品种为宜,如新东京 5 号、妇人指、台农兴 3 号、秋葵 101 等。注意选种,实现粒粒健壮,提高成苗率。③ 营养钵土要施充足的腐熟有机肥,一般长 10m、宽 1.3m 的标准苗床,要铺 1m³ 肥沃的沙壤土和 150~200kg 腐熟的有机肥,混匀搓细过筛,打钵前喷水堆积湿润,达到手握成团、平胸落地即散的标准。一般 3 月下旬打钵,边打边摆入苗床,钵以干透为好。④点种上苗床前底水要浇透,一水保全苗。⑤点种后要覆土均匀,一般以过筛的细土一指偏厚,利于齐苗壮苗。盖膜、盖弓棚。⑥培育矮壮苗。出苗前要采取密闭保温的办法抓齐苗。出苗时及时揭地膜防烫苗。齐苗后要采取两头通风、中间加气孔的办法通风透气,防止高脚苗。一般气温 17~18℃时可以揭膜凉苗。苗床要注意根外追肥,一般采用 800 倍的磷酸二氢钾,苗床期喷施两次。苗床管理期注意防止五个方面的问题:一是低温烂种,二是高温灼苗,三是戴帽出土,四是病弱苗,五是低温红苗。⑦5 月 20 日前后移栽。移栽前足肥足水,没造墒的要浇足活棵水。移栽前注意浇水润苗,要边起、边运、边栽,钵苗不破不散,少伤根、断根,力争做到秋葵苗分级移栽。

(2)肥水管理:①施肥播种前未施肥者,收蒜后立即追施苗肥,每亩(下同)施尿素 5~8kg,饼肥 25~30kg,优质土杂肥 1 000~1 500kg,过磷酸钙 25kg 或磷酸二铵 15kg。初花期施尿素 10~15kg。8 月中下旬至 9 月上旬视秋葵长势喷施浓度为 0.2%的磷酸二氢钾水溶液或 0.5%~1%的尿素溶液。②浇水：收蒜后视墒情浇水，初花期、花铃期遇旱浇水，8月底至9月上旬遇旱及时浇水。③中耕培土：收蒜后中耕，雨后或浇水后中耕。6月下旬覆膜秋葵结合揭膜进行培土，秋葵田6月底7月初进行培土。做到边栽边管，实现早栽早管早促发。大蒜收后秋葵一般比较瘦弱，管理要"抢"字当头，抓紧时间进行追肥、浇水、中耕松土、除草、治虫，防止形成小老苗。

（3）控制秋葵旺长，及时打顶。合理使用生长调节剂。使用原则掌握少量多次，以调为主，调控结合。使用期间和用量：苗期2~4ml 助壮素，初花 6~8ml，盛花 4~6ml。

（4）适当治虫。秋葵应适当防治蚜虫、红蜘蛛。

（5）及时采摘。秋葵极易木质化，一般 1~2 天要采摘 1 次。

第五节　设施大棚"蚕豆/黄秋葵/芹菜+ 丝瓜+ 番茄"周年种植模式

唐明霞等为了提高江苏南通市蔬菜栽培效益，经不断研究与比较，形成了集优质、高产、高效于一体的设施大棚"蚕豆/黄秋葵/芹菜+丝瓜+番茄"周年种植模式。该模式通过高矮作物合理搭配、时间和空间科学组合，实现了培肥地力、增加市场品种、提升经济效益的蔬菜周年栽培目的。

一、茬口安排

大棚蚕豆9月中下旬至10月上旬移栽（经过人工春化的蚕豆芽苗），翌年2月底至3月上旬开始采收蚕豆鲜荚，4月下旬采收结束。黄秋葵于4月初育苗，4月下旬、5月初定植，6月下旬开始采收，可连续采摘4个月左右。芹菜于1月底、2月初播种，2月下旬、3月上旬定植，4—5月采收。丝瓜于3月上旬采用大棚育苗，4月上旬移栽到大棚内，6月下旬揭膜后引蔓上大棚钢架，6月初开始采收，8月中旬采收结束。番茄于2月下旬采用大棚育苗，4月下旬移栽,6月底至8月底采收。

二、主要技术措施

(一)大棚蚕豆

1. 品种选择

选择高产、优质、籽粒大的蚕豆品种,如江苏沿江地区农业科学研究所选育的通鲜2号、通鲜3号、通蚕鲜6号等。

2. 适时移栽

大棚蚕豆于9月中下旬至10月上旬移栽,移栽密度为3.75万~4.50万株/hm²蚕豆苗。芽苗移栽时,不必带土,地膜移栽,人工用小锹穴栽。

3. 架膜时间

第1次架膜时间为10月底,盖好外面的大棚膜;第2次架膜时间一般在12月中下旬(温度低于0℃且棚内蚕豆开始现蕾时),盖好里面的二棚膜。

4. 温湿度调控

苗期温度掌握在12~15℃,现蕾开花期温度在15~18℃,开花结荚期温度在18~25℃;大棚内相对湿度以60%~80%为宜。为了蚕豆提早开花结荚,于12月中下旬覆内棚膜,白天9:00开始,先打开背风面的内外棚门通风,15:00关好;至3月10日左右,气温回升到0℃以上、日最高温度达到10℃时,除去二棚膜。湿度调控:2月底至3月底10~15天滴灌1次,3月底以后7~10天滴灌1次,以保持土壤湿润,满足蚕豆鼓荚所需水分。

5. 开花结荚期管理

一是整枝,开始结荚后,每株保持有效分枝数十个,清除掉多余分枝。二是打顶,下部花发黑,看到小荚约1cm时摘除顶心。三是去除无头枝(冻害枝或主茎)、空枝。

(二)黄秋葵

1. 育苗

营养土配制:每亩大田取床土150kg,充分腐熟农家肥与非黄

秋葵园土按 3：7 质量配制成营养土,加无氯复合肥(15-15-15)
1.5kg、40%福尔马林 40ml 拌匀,对水量视土壤墒情而定,然后用
塑料薄膜覆盖 5 天,除去覆盖后 2 周待药充分挥发后过筛使用。
苗床选择:选背风向阳、排灌便捷的田块做苗床,每 667m² 大田留
足 15m² 苗床面积,床宽 1.3m,床长度视苗量而定,苗床以东西向
为宜。其余按常规苗床操作。

催芽:在播种前晒种 2～3 天,每天晒 3～4 小时。将种子浸于
55℃的热水中搅拌,保持水温恒定 15～20 分钟,然后在 25～30℃
条件下继续浸泡 12 小时左右,用清水洗净黏液后于 25～30℃条件
下催芽 48 小时,待一半种子露白时播种。播种:采用营养钵育苗,
应用规格为高 8～10cm、直径 8～10cm 的塑料营养钵,装入钵内的
营养土要压实,钵口留 1cm 高的空间。每穴播 1 粒种子,覆土
1.0cm 厚。防治地下害虫,农药使用符合 GB 4285、GB/T 8321 要
求,育苗数量要多于需苗量的 10%。苗床管理:发芽期日温应保
持在 28～30℃,夜温不低于 15℃;出苗后苗期白天温度维持在
25～30℃、夜温 13℃以上,地温 18～20℃。防止水涝,偏干管理。

2. 移栽

按株距 40cm 实施。

3. 水肥管理

定植后 1 周左右灌 1 次缓苗水,以后视土壤墒情而灌水,保持
土壤湿润。苗期长势差的在缓苗后可追施速效氮肥 1～2 次;开花
坐果期则每采收 2～3 次追肥 1 次,每 667m² 每次穴施复合肥
10kg。整个采收期内,每半月叶面喷施 0.2%磷酸二氢钾 1 次。

4. 培土与整枝

定苗后培土 1 次,防止植株倒伏。生长前期可以采取扭叶的
方法,将叶柄扭成弯曲状下垂,以控制营养生长。生长中后期,及
时剪除已采收过嫩果的各节老叶。侧枝过多时,适当整枝。

5. 采收

植株开花后 2～3 天采收嫩果,采收适宜在傍晚进行,用剪刀

剪断果柄。收获盛期一般每天或隔天采收 1 次,收获中后期一般 2~3 天采收 1 次。

(三)芹菜

1. 品种选择

选择不易抽薹、较抗寒的品种,如津南实芹 2 号、玻璃脆等。

2. 催芽播种

一般于 1 月底至 2 月下旬播种。种子温汤浸种后,于 15~20℃催芽播种;选肥沃细碎园土 6 份,加入腐熟猪粪渣 4 份,过筛;每平方米床土中施过磷酸钙 0.5kg,草木灰 1.5~2.5kg,硫酸铵 0.1kg,铺在苗床上,厚度 12cm 左右;种子 50% 出芽时播种。播前苗床浇足底水,然后将种子均匀撒播在床面上,覆土 0.5cm 左右,播后覆膜。

3. 培育壮苗

在育苗期间,特别是真叶展开 3~4 片以后,尽量控制温度,减少 10℃ 以下的低温时间,供给适宜的氮肥和水分,延迟花芽分化,促使多分化叶片。播种后苗床上还要覆盖地膜或架小拱棚,晚上加盖草苫,出苗前畦温可适当偏高,促进快出苗。出苗后,白天注意通风降温,棚温不宜超过 25℃,防止高脚苗和病害发生,夜间不低于 10℃。

4. 及时定植

大棚内温度稳定在 0℃ 以上,地温 10~15℃时定植;选择晴天上午每畦栽 5~6 行,穴距 8~10cm,每穴 4~5 株,边栽边浇水,栽植不能太深,以土不埋住心叶为宜。温度和湿度管理同青蚕豆。株高 33~35cm 时追肥,追肥时将薄膜揭开放风,待叶片上露水散去,每 $667m^2$ 撒施尿素 15kg;追肥后浇 1 次水,以后 3~4 天浇水 1 次,保持湿润至收获,采收前不施稀粪。在前期和中期用 4 000~8 000mg/L 的矮壮素溶液喷生长点,可以抑制抽薹开花。

5. 采收

4—5 月芹菜叶充分肥大,有 8~10 片肥厚叶片时采收上市。

在采收前 10~15 天,用 15~20mg/L 的 920 或萘乙酸喷施,以提高品质和产量。

（四）丝瓜

1. 品种选择

选用耐热、早熟、高产品种江蔬一号。该品种为杂交 1 代新品种,呈长棒形,长 40~50cm,横径 3.5~4.5cm,粗细匀称,皮色鲜绿,肉绿白色,香嫩,适宜保护地栽培。

2. 定植

4 月上旬在大棚内侧移栽 2 行丝瓜,株距 80cm,每公顷定植4 200~4 500株。

3. 田间管理

丝瓜活棵后用水调肥,生长期间共需追施稀粪水 3~4 次。待植株长到 40~50cm 高时,及时用塑料绳吊蔓;6 月下旬揭除大棚薄膜后,用塑料或尼龙绳将瓜蔓逐步牵引到大棚钢架上,每生长一段时间,用绳将瓜蔓逐段固定,使瓜蔓均匀分布于大棚架面。丝瓜植株调整时剪除 1.5m 以下的所有侧蔓。植株下部结的第 1、2 个瓜要尽早采摘。

4. 采收

丝瓜主要食用嫩瓜,一般在丝瓜果梗光滑,茸毛减少,果皮有柔软感、无光滑感时采收。一般为开花后 10~12 天,采摘宜在上午进行。丝瓜连续结果性强,盛果期宜勤采,每 1~2 天采收 1 次。

（五）番茄

1. 品种选择

此茬番茄育苗期和生育前期处于低温季节,而中后期气温回升快、光照强,应选择耐低温、耐强光、粉红果及抗病、高产、商品性好的早中熟品种。

2. 植株调整

采用单干整枝,定植后用竹竿搭人形架,当株高达 25cm 时用尼龙绳绑蔓,之后依植株长势继续绑蔓。一般留 5 穗果摘心,每穗

4~5 个果。第 1 穗果绿熟后,及时摘除下部老叶、病叶,之后每收获 1 穗果及时摘除其下部老叶,以改善通风透光,促进上层果实成熟。

3. 采收

番茄果实到了坚熟期、果实表面已有 3/4 面积变成红色时,营养价值最高,是作鲜食的采收适期。

第六节　大棚浅水藕黄秋葵小白菜水旱轮作栽培技术

惠林冲等对江苏苏北地区涟水、响水、灌南和灌云等地大棚早熟浅水藕茬口进行合理安排,利用浅水藕—黄秋葵—小白菜水旱轮作栽培模式,降低土壤连作障碍等问题,提高土地利用率,增加农户收入。

一、茬口安排

大棚浅水藕 2 月中下月栽植,采用双层大棚及覆盖地膜,7 月初收获。7 月中旬黄秋葵穴盘育苗,8 月中旬定植,9 月上旬开始陆续采收,11 月中下旬采收完。11 月初小白菜育苗,11 月下旬定植移栽,翌年 1 月采摘。

二、浅水藕栽培技术

1. 建棚整地

利用水田改造,土壤肥沃,易于排灌的田地,搭建双层钢架大棚,每亩施生物有机肥 800kg 和三元复合肥(N∶P∶K 为 15∶15∶15)50kg 混合翻耕耙平,在大棚四周围一圈塑料膜,防止向外渗水,需提前 15 天 蓄水,覆盖小拱棚和地膜,提高地温。

2. 浅水藕定植

选择适合浅水栽培的品种,如鄂莲 7 号,苏州花藕、大紫红等抗病强,入泥浅,早熟性好的品种。为了缩短莲藕定植后出芽时间,可以选择顶芽完好的整支藕进行室内保温催芽。当芽长出 4~6cm 时进行定植,将种藕沿着大棚四周摆放,芽朝向大棚中央,种藕另一端露出水面,有利于透气,提高其表面温度,每支种藕间隔1m 定植,每亩需要 450~500 支种藕,灌溉 2~3cm 浅水层,便于提高棚内温度。

3. 浅水藕田间管理

浅水藕春提前栽培关键要注意保持棚内的温度,防止夜间温度过低,造成种藕幼芽冻害,莲藕逐步封行后,白天温度高,要及时通风揭膜,防止高温对叶片造成灼伤。浅水藕栽培时水层管理遵循"浅—深—浅"的灌溉原则,在生长旺季时水层控制在 15cm 上下,莲藕膨大后期,降低水位,控制在 5cm 左右。在施足基肥的基础上,追肥 2 次,第 1 次在莲藕出现 3~4 片立叶时,三元复合肥肥(N∶P∶K 为 15∶15∶15)20kg 和尿素 15kg,第 2 次在莲藕膨大初期,即出现后把叶时开始结藕,施肥量与第 1 次追肥相同。

早春室外温度低,虫害相对较少,前期注意防治蚜虫,中期注意防治夜蛾类。7 月上旬开始陆续采收上市,为下茬口种植准备,浅水藕应在 8 月初采收结束,腾茬、晒地。

三、黄秋葵栽培技术

1. 穴盘育苗

采用普通育苗基质和 72 孔穴盘在 7 月中旬进行育苗,育苗前1 天先将种子放入水杯中浸泡 24 小时,第 2 天进行穴盘播种,每穴盘 1~2 粒,基质覆盖,浇透水进行发芽,夏季温度较高,防止苗缺水及避开高温暴晒。黄秋葵品种应选择植株矮,开花结夹早,嫩果夹大,纤维束含量少的品种。

2. 黄秋葵整地定植

7 月初浅水藕及时采收上市,排水晒地,8 月中旬旋耕建垄,每亩 施复合肥 50kg,采用高垄栽培,垄高 15cm,宽 1.2m,每垄栽 2行,株行距 50cm×50cm,每亩 需苗约 1750 株。定植时将黄秋葵苗与基质一起移栽,并及时浇水。

3. 黄秋葵田间管理

黄秋葵定植后温度较高,苗期生长很快,注意通风降温,长到

4~5 片叶子时开始开花,营养生长和生殖生长同时进行,需肥量大,需及时进行肥水灌溉,每亩施尿素 10~15kg,每隔 30 天追肥 1次,共 2 次。黄秋葵在苗期容易遭蚜虫,适当化学防治。出现第一朵花蕾时,应及时摘除,让其先进行营养生长,为后续营养供给提供足够的功能叶。黄秋葵果荚容易木质化,可采小不留大,木质化后不具有商品价值,每隔 1~2 天进行采摘,注意戴手套,防止扎手。10 月中下旬,室外温度开始降低,晚上注意保温,放下大棚两边薄膜,防止低温造成授粉不良,影响果荚生长发育。

四、小白菜栽培技术

1. 小白菜育苗

11 月初,在大棚里选一块预留地,垄宽与黄秋葵垄宽一致,浇透水,小白菜均匀播撒后,覆盖一层薄土,品种选择耐抽薹的品种,如春油 1 号、四月慢和京绿 7 号,育苗注意防治菜青虫。育苗时注意分批播种,大小苗分开移栽,防止过于集中上市。

2. 小白菜整地定植

11 月下旬黄秋葵全部清理完,利用原来的畦面,每亩 施尿素30kg,铺盖地膜,膜下每垄铺 2 根滴水管,株行距 15cm×15cm,选择傍晚移栽,并及时浇水。根据市场行情,可适当密植,间隔采摘上市。

3. 小白菜田间管理

由于小白菜耐寒性较强,在中午的时候适当通风除湿,防止湿度过大,造成病害,夜间注意保温。一般将尿素溶于水,每隔 15 天利用膜下暗灌,确保在元旦和春节前能够及时上市。也可以选择直接撒播,无须育苗移栽和覆盖地膜,根据小白菜长势直接采收上市,管理同移栽小白菜一样管理。

第七节　其他茬口布局模式

李翠红对毛豆套种黄秋葵模式中,黄秋葵不同种植方式、种植时期、种植密度对黄秋葵产量及毛豆产量的影响进行了研究,结果表明:黄秋葵种植时间以 4 月 15 日至 5 月 1 日较好,种植方式选择育苗移栽、种植密度 3 000~4 000 株为宜,上述综合措施处理的黄秋葵产量和成品率均较高,且对毛豆产量没有明显影响。

孟庆华等提出了洋葱、秋葵间作套种的种植模式,洋葱 8—9 月育苗、随拔秋葵随整地,11 月中下旬移栽秋葵与洋葱间套作,黄秋葵 4 月初育苗,生产实践表明:每公顷可产洋葱 49 500~55 000 kg,秋葵嫩荚 12 000~19 500kg,经济效益达纯作秋葵的 3 倍以上。并阐述了洋葱、秋葵间作套种增产增收机理、基本条件、基本原则和配套栽培技术。

范德友等在建阳市农民种植黄秋葵经验的基础上,总结并推广了一套黄秋葵—水稻的水旱轮作栽培新模式,即春季种植黄秋葵,7 月中旬采果结束后整地,随即蓄水耕田种植水稻。这一模式既能充分利用耕地,培肥地力,缓解粮经争地矛盾,又能避免黄秋葵连作低产,因采果后期质低价廉而弃管抛荒现象的发生,保证了全年农业生产获得持续较高的效益。栽培黄秋葵一季可采果 66 天,每亩累计采收商品果实 825kg,亩产值 7 612 元(按产地收购价),进一步提高了黄秋葵种植专业户的生产积极性。

第九章　黄秋葵开发应用研究

第一节　生物活性物质提取及加工研究

黄秋葵生物活性物质的分离提取在几年内才受到重视,且国内外均无系统研究,因此开展黄秋葵生物活性物质的分离、提取技术研究,并对相关生物活性物质进行功能评价具有广阔空间,目前国内多家科研单位对其功能成分的提取工艺及保健功能研究已取得一定进展。黄秋葵的营养化学成分主要有以下几种。

一、氨基酸、蛋白质和脂肪等营养物质

黄秋葵嫩果中含有 18 种游离氨基酸,蛋白质和脂肪主要存在果荚中。黄阿根等测定了黄秋葵中营养成分及相关活性成分的含量,结果显示干的嫩黄秋葵果实中含蛋白质 22.98%,总糖19.920%,多糖2.00%,脂肪 9.40% 和黄酮 2.56%;老果中含有蛋白质 15.78% 和总糖 9.48%,多糖 1.1%,脂肪 14.36%,黄酮1.48%。蛋白质、多糖、总糖和黄酮的含量随着果实的老化而减少,而脂肪的含量却随着果实的成熟而增加。此外,黄秋葵中还含有丰富的维生素(V_{B_1}、V_{B_2}、V_C、V_A、V_E、V_{PP})和钙、锌、锰、铜、铁、钙、镁、硒等微量元素和可溶性纤维,有较好的食疗效果。

二、黄酮类化合物

黄酮是一种异黄酮类植物激素,是一种天然的有效活性成分,被广泛应用到生物及医药领域。黄秋葵中黄酮类化合物的提取还很少报道,而秋葵属的另一个种黄蜀葵中黄酮类化合物的提取有较多报道。以"黄蜀葵花"为单方研制成功的"黄葵胶囊"(苏

中),功能主治:清利湿热,解毒消肿,用于慢性肾炎之湿热症,症见:浮肿、腰痛、蛋白尿、血尿、舌苔黄腻等,获 2016 年度国家科技进步一等奖,据陆林玲对"黄葵胶囊主要成分 PK、PD 研究"结果,黄酮类成分是其主要药效的物质基础。

方晴霞等以芦丁为对照品,采用紫外分光光度法在波长为493nm 下测定得到黄秋葵种子中总黄酮的含量为 2.8%。但不同品种果实中总黄酮含量存在差别,不尽相同,一般为 8.49 ~ 23.84mg/g,含量远高于大豆异黄酮含量(4.25~4.67mg/g),可作为天然黄酮类化合物的新来源。廖海兵以黄秋葵果实为研究对象,利用萃取、薄层层析、硅胶柱层析、重结晶、RP-C18 柱色谱,大孔吸附树脂、凝胶柱色谱等多种分离纯化技术,分离得到 15 个单体化合物;利用核磁共振和质谱等波谱解析技术结合理化性质,鉴定出了三种黄酮及其苷类化合物,其中一种为新的黄酮苷(HQK-3)。加强黄秋葵中黄酮及其苷类成分的保健功能及提取工艺研究,将能极大程度地发掘黄秋葵的医用价值和经济价值。

三、黏液物质

黄秋葵引人注意的突出特点是其含有一种稀有的黏性物质(糖聚合体),主要成分有维生素 A、钾、果胶和黏性糖蛋白,这种黏性糖蛋白可增强人类机体的抵抗力,维持人体呼吸道、消化道的润滑,利于人体关节腔里关节膜与浆膜之间的润滑作用,促进固醇类物质的排出,减少动脉管壁上的脂类物质沉积,使动脉血管保持弹性,预防肝脏和肾脏中结缔组织的萎缩及胶原病的发生。从黄秋葵体内提取出来的这种黏液,也被用来制备 Lepidmoide(LM),它是一种天然荷尔蒙类物质。这些神秘的黏液能加速血液循环,有效刺激男性性中枢神经,促进新陈代谢和全身器官微血管的活化,尤其是对男性性器官微血管的活化,"植物伟哥"的称号由此而生。

黄秋葵嫩果荚含总糖 19.92%、多糖 2.0%、脂肪 9.4%,且嫩果荚含有的黏液状物质主要成分为果胶、黏性糖蛋白,这些成分是由阿拉伯糖、半乳糖、鼠李糖等构成的多糖与蛋白质形成的共价复合物。研究发现,黄秋葵嫩果黏液能够降低血脂、增强机体抵抗力,具有保持肠胃蠕动、防止便秘等保健作用,还可以增强人体耐力,补充能量,还可以帮助消化;对胃炎、胃溃疡、肝脏等疾病有疗效,同时该类黏液物质还有保护皮肤和黏膜、增强皮肤弹性的作用,开发潜力巨大。

黄秋葵果实中的黏液物质黏度高、乳化性强、保湿性和悬浮稳定性较好,是理想的天然食用胶,在食品工业中可用于增加冷冻奶制甜品的稳定性和可接受性,并可作脂肪的替代品。国外用黄秋葵食用胶来作为脂肪替代品制作低脂巧克力、低脂饼干等已见报道。据国外学者分析报道,黄秋葵中提取的黏性物质的1%的溶胶 pH 值 6.9~7.5,黄秋葵的黏性物质的黏性高于葫芦巴、锦葵和芋头,黏性物质包含大量灰分的酸性多糖,被证明具有保健作用。可见黄秋葵之所以成为非洲和欧美的流行食物,是由于与常见蔬菜比较,具有较高的营养保健价值。

田科巍以黄秋葵籽和豆荚为原料,利用索氏提取法和超临界二氧化碳法优化了油脂的提取工艺,利用超声波法优化了多糖的提取工艺,并分析了黄秋葵籽油的组成成分,但并未对其中多糖的组分进行分离,多糖及油脂的生物活性机制也有待于进一步发掘。高愿军等以黄秋葵嫩果为研究对象,测得其多糖含量为 2.55%,将其纯化至纯度 75% 后进行黏度特性研究,发现多糖溶液在室温下具有良好的抗降解性能,其黏度随着浓度的增加、温度的降低及金属离子浓度的增加而增大;在实验中秋葵多糖溶液以水溶液的形式存在,无胶凝现象发生,流变学特性良好,可以作为食品增稠剂应用于食品工业。刘晓霞采用酸提法从黄秋葵花中提取果胶多糖,果胶得率 32.46%,用 HPLC 法测定其中单糖组成,发现黄秋葵花果胶多糖是富含半乳糖醛酸的低酯化度的酸性杂多糖。

四、新化合物分离提取

李东利用硅胶、Sephadex LH-20 色谱柱和重结晶等分离纯化手段对黄秋葵成熟果实(去种子)乙醇提取物化学成分进行了分离,从石油醚部位中分离得到了 27 个化合物,其中 26 个化合物的结构通过理化性质分析和波谱技术得到了确定,并首次从黄秋葵中分离得到的 22 个化合物,也是首次从秋葵属植物中分离;郭明明对黄秋葵成熟果实 95%乙醇提取物利用色谱柱、MCI、ODS 和重结晶等多种分离纯化手段分析其乙酸乙酯部位以及正丁醇部位,得到了 21 个化合物,利用 NMR、MS 等现代波谱手段及理化分析确定了其中 17 个化合物的化学结构,12 个为首次从黄秋葵中分离。贾陆等从黄秋葵成熟果实(去种子)中分离得到 12 个化合物,其中 11 个为首次从黄秋葵中分离得到。

五、生物活性功能研究

黄秋葵的生物活性突出表现于抗疲劳作用、降血脂和降糖作用、抗氧化活性作用、抗癌作用、对小菜蛾的驱避作用等几个方面。

1. 抗疲劳作用

生物机体剧烈运动时,体内糖的无氧酵解增多,血乳酸含量随之提高,因而,可通过血乳酸水平反映出机体的疲劳程度。王君耀等对经黄秋葵水提液灌胃 15 天后的小鼠进行各种试验,在小鼠剧烈运动后,对其血乳酸含量进行测定,结果表明,与对照组相比,黄秋葵水提液可显著提高小鼠的耐力,即耐缺氧能力和耐寒耐热能力,同时有效降低剧烈运动后小鼠的血乳酸含量,由此得出了黄秋葵水提液具有抗疲劳作用的结论。李建华等研究发现,黄秋葵水提液可降低小白鼠血清尿素的氮含量,消除运动后血乳酸的堆积,显著提高小白鼠耐力,延长其耐缺氧和游泳时间,提高处于寒冷、高温等不利条件下小白鼠的存活率,进一步说明黄秋葵水提液可提高应激状态下小白鼠的生存能力,有显著促进疲劳恢复、提高抗疲劳能力的作用。朱一闻等研究黄秋葵多糖抗小鼠运动性疲劳的作用,其结果表明:低、高 2 个剂量的黄秋葵多糖均可显著延长小鼠的游泳时间,降低小鼠血乳酸、血尿素氮水平,并增加肝糖原含量,且其作用与阳性对照生晒参水提物相当。徐明等研究黄秋葵种子中的生物碱提取物对小鼠的抗疲劳作用,发现该提取物能增强小鼠的负重游泳时降低血液中血清尿素氮和血乳酸含量,显著提高肝糖原含量。徐天姿等的研究表明,黄秋葵中的黄酮具有抗小鼠运动性疲劳的作用,该作用有剂量效应,而且中、高剂量组的作用与目前人们公认有抗疲劳作用的生晒参相当。

2. 降血脂和降糖作用

王宏等的研究结果表明,黄秋葵能有效降低小鼠血清、肝脏总胆固醇和甘油三酯的含量,促进粪便胆酸排出,并且有剂量效应关系。SabithaV 等研究了黄秋葵种皮和种子粉末对抗糖尿病和抗高血脂的生理活性,证实这类物质具有降低小鼠血糖血脂的作用。Liu IM 等的研究发现,黄秋葵的提取物如杨梅酮能够提高胰岛素的敏感性,有望用于胰岛素抗性病人的辅助治疗。

3. 抗氧化活性作用

邱松山等考察黄秋葵花中多酚提取物的还原力和超氧阴离子自由基清除能力,结果表明提取所得的黄秋葵多酚具有较强的抗氧化性。李加兴等利用超声波辅助提取黄秋葵黄酮,结果表明其具有较强的还原力,表现出较好的体外抗氧化活性。郑忠培的研究结果表明,黄秋葵叶、花和种子中的挥发性化学成分均有抗氧化活性,而花的抗氧化活性最高。黄秋葵粗多糖(RPS)具有较明显的体外抗氧化能力,赵焕焕等的研究表明,黄秋葵 RPS 含量为 11.23%±0.04%,对 DPDH・、・OH 和 O_2^-・的体外清除率呈现剂量依赖性。

4. 抗癌作用

国内外学者对其化学成分和药理作用做了大量分析研究,证实了黄秋葵在抗肿瘤等方面的活性突出,具有良好的药用价值。吕美云等发现黄秋葵富含微量元素 Zn、Mn,为其具有提高免疫力和减少肺损伤的药用价值提供了理论依据。金忠浇等指出,黄秋葵可缓解淋巴癌的扩散,防癌抗癌,并且利用黄秋葵花叶治疗额唇等 3 例皮肤癌症均取得了颇为满意的治疗效果。

Vayssade 等的研究结果表明,黄秋葵果胶 RG - I 可改变 B16F10 细胞的形态,显著降低 B16F10 细胞的增殖。使细胞周期停滞于 G2/M 期,并通过与半乳糖凝集素-3 相互作用诱导黑色素瘤细胞凋亡。任丹丹等通过研究发现,黄秋葵多糖对人体卵巢癌细胞、乳腺癌细胞、宫颈癌细胞、胃腺癌细胞的增殖具有抑制作用,有开发成抗癌功能食品的前景。王宏等的研究结果表明,纯化的黄秋葵多糖组分能显著抑制 3T3-L1 前脂肪细胞增殖及成熟脂肪细胞的甘油三酯累积,其中 E2 的作用最为显著。Okada Y 等的研究表明,黄秋葵种子可以明显提升肿瘤坏死因子抗体的活性。

5. 诱集、拒(驱)避作用

利用诱集植物防治,简单易操作,并且对环境无污染,对常发性害虫的防治具有重要的生态学意义和经济利用价值,在现代有害生物综合治理(IPM)中逐渐发挥重要作用。梁齐等结合国内外研究现状,从特点、应用、优势和发展前景等方面综述了诱集植物在害虫生态控制中的重要作用。雒珺瑜等为了探索棉田盲蝽的农业防治技术,研究了 9 种诱集植物棉花、油葵、大豆、黄秋葵、凤仙花、玉米、苘麻、豇豆和黄瓜对棉田盲蝽的诱集效果。结果表明:不同的诱集植物诱集效果不同,且差异较大,其中苘麻的诱集效果最好。

洪文英等针对本地区高温季节设施栽培小白菜生产中病虫害发生情况,种植黄秋葵、香椿等作为诱集作物和蜜源植物,与化学防治为主的常规防控区进行对比,结果表明田间种植黄秋葵、香椿等诱集作物和蜜源作物等绿色防控技术,有利于生物多样性的保护,瓢虫、蜘蛛等捕食性天敌种类均较丰富,而优势害虫的数量减少,化学农药的用量减少,菜田主要害虫优势集中性指数降低,天敌数量和作用增加,多样性指数增大;绿色防控区采用生态控制的方法,每亩每季可实现经济、社会、环境效益分别为 2 979.1 元、806.3 元、1 042.9元,明显优于常规防控区。

在农田生态系统中,已知含有杀虫、驱虫成分的植物至少在

99 科 407 种以上,在蔬菜地中种植拒避植物可以驱避多种害虫,提取拒避植物特有的挥发性物质组分,可引诱害虫负趋向或无定向运动,从而避免或抵御害虫取食。王彦阳等以黄秋葵、金腰箭中提取的次生物质为试验材料,结合对小菜蛾的产卵忌避、拒食、发育历期、蛹和羽化率影响的测定,结果表明黄秋葵、金腰箭乙醇提取物对小菜蛾具有强烈的拒食作用,拒食率分别高达 93.41% 和 90.76%。研究小菜蛾对黄秋葵挥发油的触角电位反应,结果表明黄秋葵挥发油对小菜蛾成虫的触角电位反应强度与挥发油剂量成正比。四臂嗅觉仪实验进一步表明,黄秋葵挥发油对小菜蛾具有驱避作用。

第二节　产品开发利用进展

黄秋葵主食部位为嫩果,生熟皆可食用,还常被干制、粉碎作为调味料,此外其叶、芽、花均可食用。

一、茎秆综合开发利用

黄秋葵生物产量高,对茎秆综合开发利用生产茎叶粉,用于肉鸡和蛋鸡饲养业,有较为广阔的应用前景。据测定茎叶粉含有粗蛋白、粗灰分、粗纤维、粗脂肪、无氮浸出物、叶黄素等,其含量分别为 17.47%、13.48%、10.9%、7.08%、51.07%、2 370mg/kg,并含有丰富的胡萝卜素。以黄秋葵茎叶粉作为着色剂,在蛋鸡全价饲料中添加 4% 或 5% 或添加量达到 60mg/kg,在 14 天左右即可达到比较理想着色效果,既能明显改善鸡肉和蛋黄的外观品质,又能为日粮提供部分营养成分,省去了饲料中着色剂的成本,明显提高蛋黄、鸡皮肤和脂肪的着色效果。

张海文等在儋州研究鸡日粮中添加黄秋葵对生长性能、屠宰性能、肉品质及消化酶活性的影响,添加黄秋葵粉的适宜比例为 1.5%,可有效改善儋州鸡的生长性能、屠宰性能、肉品质及消化酶活性。

二、果实开发利用

黄秋葵果实分为果荚和种子2个部分,通常人们以嫩荚做菜,成熟种子留种利用。通过干燥、腌制、提取等加工手段,不仅可以解决黄秋葵果实因褐变、纤维化而销售难的问题,而且还可以增加产品附加值。目前,冻干原型黄秋葵嫩果、秋葵籽油、黄秋葵泡菜已进驻市场,其他加工产品如黄秋葵果实加工调味料、食用胶、乳化剂、罐头、复合果蔬汁饮料、酸奶、发酵酒、黄秋葵保健果冻等都已得到开发。

1. 果荚加工

Adom等将黄秋葵果荚干燥粉碎成粉末状作为调味料,这种调味料可以提供黄秋葵独有风味,并增加黏度、色泽和营养价值。Hirose等发现黄秋葵果荚黏液可制备一种新型的植物生长调节剂(Lepidimoide),用来控制植物的各种生理效应,同时这种黏液可作为食用胶,成为天然食品添加剂和乳化剂。制得的浸膏还可以作为脂肪替代品,制作低脂巧克力饼干。

罗先群等以黄秋葵果实为原料,研制出软罐头。其制作工艺为:黄秋葵原料挑选→清洗→整理→碱液处理→热烫→真空硬化→保脆→漂洗→塑料袋装→真空密封 →灭菌→冷却→成品。Nogueira等对黄秋葵罐头加入醋酸、柠檬酸、乳酸、苹果酸、酒石酸进行酸化处理,2个月后,风味保持良好,还可以降低肉毒杆菌中毒的风险。

何慕怡等提出了运用冻干技术研发黄秋葵新型的休闲保健高端食品。脱水后的黄秋葵冻干食品确保了其形状不变,色、香、味俱全,而且蛋白质、碳水化合物、维生素等各种营养物质也得到良好保存。目前加工的冻干食品有黄秋葵冻干粉、冻干脆片、冻干原型黄秋葵嫩果等,通过冻干技术研发出的黄秋葵冻干食品,具有不变的独特外观、口感松脆、咸甜皆宜、营养丰富等优点,但是冻干周期长、装置能耗高、设备造价高、生产成本高等是需要解决的课题。

黄秋葵产品的研究开发中,还有一些其他的黄秋葵果实副产品,比如蒋珍菊以黄秋葵果荚为原料,获得了黄秋葵复合果蔬汁,饮料的最佳配方:黄秋葵混合浓缩汁含量 25%、蔗糖 5%、卡拉胶与 CMC-Na 按质量比 2:1 复合的用量为 0.15%、柠檬酸用量为 0.04%。生产的黄秋葵复合果蔬汁饮料色泽均匀一致,外观分布均匀,无杂质,各项微生物指标符合国家标准。杨群等将黄秋葵提取液过滤、浓缩、加辅料、一步制粒、填充胶囊,最终制成黄秋葵胶囊。黄秋葵果实的深加工正向着多元化、特色型方向发展。

2. 速冻与保鲜冷藏

黄秋葵盛收期集中在每年的 5—9 月,多在高温季节以嫩果采收,此时日气温多在 28℃ 以上,加之黄秋葵皮薄且水分含量高,皮孔和气孔发达,采摘后失水及呼吸速率极快,其耐贮藏性很差,一般采摘后的黄秋葵嫩果在常温下放置数小时,就会出现质量减轻、失水褐变、纤维增加、品质变差等情况,2~3 天后则可能完全萎蔫甚至腐烂,同时由于对温度和各类保鲜剂比较敏感,极易受损伤而腐败变质,低温贮藏最多也只能保鲜 2~3 天,严重地制约了销售的货架期。若直接放入冷库贮藏,又易造成冻伤。目前,果蔬类保鲜技术主要有物理、化学和生物 3 类,而黄秋葵果实贮藏保鲜技术还处于研究发展阶段。

黄绍力等采用药物浸泡、漂烫、速冻冷藏等系列速冻工艺对黄秋葵进行速冻冷藏,能够长时间保藏,且保藏 9 个月后黄秋葵果实口感依然新鲜,并有香味。陈江萍采用在 1~3℃ 温度下进行,将由 0.1g/kg 脱氢醋酸钠、2.0% N,O-羧甲基壳聚糖及 25μg/ml 6-苄氨基嘌呤(6-BA)混制的保鲜剂和脱乙烯剂(K_2MnO_4)一起使用,以厚度 0.02mm 的塑料包装袋包装黄秋葵,其贮藏时间可延长至 30 天,但黄秋葵果实经速冻贮藏解冻后容易变软,影响其感官品质,而且长时间贮藏容易纤维化,影响口感。郑亚琴等也发现在 9℃ 恒温条件下,200nl/L 1-MCP 处理黄秋葵荚果 2 天后可延缓叶绿素、氨基酸含量的降低,亦可抑制可溶性固形物的含量和果实硬度的下降,更好地保持黄秋葵荚果的贮藏品质。许俊齐等采用不同预冷方式、杀菌技术、贮藏温度、微脱水处理和气调包装保鲜技术对采后黄秋葵贮藏保鲜效果的研究,结果表明适宜预冷方式为真空预冷,50mg/L 的 NaClO 溶液进行灭菌,3%的微脱水处理,O_2 5%、CO_2 10%气调组合,6℃±1℃条件下冷藏。

黄秋葵嫩果保鲜主要以采用速冻的系列工艺对其进行保鲜冷藏,其基本工艺流程:原料挑选—整理—清洗晾干—药物浸泡—漂烫—沥干预冷—包装—速冻—冷藏。其中,“漂烫”这一程序对黄秋葵的速冻保鲜很关键,未经漂烫而直接速冻的黄秋葵不但色泽、口感差,而且贮藏 4 个月后开始变味,而经过适当漂烫的贮藏 9 个月后依然口感新鲜,香味依存,其不足是纤维略有增多。

三、种子加工

黄秋葵果实成熟后,种子直径大约 4~5mm,外形近似绿豆,脂肪含量较高,种子含油量为 15%~19%,最高可达 20%。有研究利用气相色谱分析秋葵籽油的脂肪酸组成,得出其主要含有亚油酸 29.6%~33.34%、棕榈酸 28.58%~29.24%、油酸 30.56%~34.18%、硬脂酸 3.94%~4.20%、花生酸 0.6%、棕榈油酸 0.5%、亚麻油酸 0.3%、豆蔻酸 0.2%等 14 种脂肪酸,饱和脂肪酸、单不饱和脂肪酸及多不饱和脂肪酸的构成比例为 1∶1∶0.97,接近于联合国粮农组织和世界卫生组织所推荐的食用油中 1∶1∶1 的理想模式,是一种具有较高营养价值的植物油。其种子油的化学成分与棉籽油有相似之处,可以采用棉籽油所用的工艺和设备,经制取和精练,可用来生产秋葵籽油,并去除少量棉酚。目前市面上很少见到相关产品。

此外,黄秋葵种子中还富含 1%左右的咖啡碱,略低于咖啡豆(1%~2%),可采用微波提取法、回流提取法和超声提取法提取黄秋葵种子中咖啡碱;也可以将成熟黄秋葵的种子烘熟并磨成细粉,气味芳香,冲调溶解快,可作为咖啡添加剂或代用品,也可以作为玉米发酵食品的添加剂。

四、保健茶开发

黄秋葵花茶自 2009 年起面向市场以来,其功效得到了消费者的积极认可,富含有维生素 A、胡萝卜素以及维生素 C、维生素 E 等,还含硒、钙、镁、铁、磷、钾等多种微量元素(表 9-1),经开水泡发后会溢出大量黏稠液,除大量果胶外还有丰富的 LM 的物质能强肾补虚、抗衰老、抗疲劳、增耐力、促进血液循环加快等功效。

表 9-1　黄秋葵花茶(干花)营养成分(每 100g 含量)

成分名称	含量	NRV(%)	成分名称	含量	NRV(%)
能量	250(kJ)	13.6	钙	248(mg)	31
蛋白质	22(g)	30	锌	13(mg)	116
碳水化合物	16(g)	1.2	铁	7(mg)	49
脂肪	0.5(g)	2.5	钾	450(mg)	29
膳食纤维	33(g)	—	磷	422(mg)	60
钠	50(mg)	2.6	镁	113(mg)	38
维生素 A	600(mg)	7500	硒	2(ug)	4
胡萝卜素	3600(mg)	7500	锰	1.5(mg)	43
维生素 C	35(mg)	35	铜	0.5(mg)	25
维生素 E(T)	7(mg)	50	碘	0(mg)	0
植物黄酮甙	4.5(g)	—			

制作黄秋葵花茶,一般有选花、加工、收藏等几个工序。据深圳市葵瑞生物科技有限公司公开的黄秋葵花茶制作工艺(发明专利号:201410447005.9):①采摘:天气晴好,气温在 28℃以上的下午,秋葵花闭合后到落地前(实际是天黑前的大约两三小时),人工顺着果蕾生长方向轻轻掇下;②减压储存:将原料放入减压仓除湿(本方法比冷冻方法成本低),并且旁边放置盛有甜品的容器,驱(诱)蚁类;③原料检选:挑出花原料中的杂质与颜色变异品;④上料:将半干花原料投入烘干箱盘,并置入箱炉内;⑤加温:加温

到50℃并保持约3~8个小时;⑥中间高温:在加热过程的中后期,用100℃高温1分钟短暂杀菌杀虫;⑦回到低温:然后回到中低温50℃或以下,直到完全干燥(水分低于6%),得黄秋葵花茶;⑧包装:隔绝空气包装。由于本方法采用低压、低温两阶干燥法,能有效地保留了黄秋葵更多的营养成分(比如热敏性的维生素类可保留20%~40%,高温烘制几乎损失殆尽,而且果胶类至少可多保留10%以上),同时使烘出的花颜色亮丽如新。

卓明等的发明专利公开了黄秋葵嫩荚袋泡茶及其生产工艺,黄秋葵嫩荚袋泡茶主要由含水量为4%~6%黄秋葵嫩荚装入过滤纸纸袋内制成。生产工艺主要由以下步骤组成:①选取黄秋葵嫩荚;②将选取的黄秋葵嫩荚冷藏;③吹干黄秋葵嫩荚表面的水分;④将黄秋葵嫩荚切片;⑤将切片后的黄秋葵嫩荚进行微波杀青处理;⑥在60~80℃的条件下干燥后进行摊凉;⑦重复步骤⑥直至黄秋葵嫩荚含水量为4%~6%;⑧对干燥后的黄秋葵嫩荚进行杀菌处理;⑨将杀菌处理后的黄秋葵嫩荚装入过滤纸纸袋内制成成品。本发明具有操作简单、营养价值高、携带和使用方便等优点。

卫天业等进行不同干燥工艺对黄秋葵花影响的试验,结果表明黄秋葵花的最优工艺为将不带花托黄秋葵花放入冷冻盘,经-30℃低温冷冻,后经真空冻干12小时。经真空冻干工艺干燥后保持了果实与花的原有形状和色泽。选择真空冻干为最佳干燥工艺,保持了成品的色、香、味、形及营养成分。

五、观赏开发

黄秋葵可以种植在庭院、阳台、平台,通过农作、农事、农活,将观赏与食用合二为一,是城乡居民休闲养生、修身养性、健康身体、颐养天年的一种生活方式。卢毓星等研究了黄秋葵的容器栽培技术,提出关键在于选用适宜的品种和较大的容器(如盆钵直径需在30cm以上),标准容量20L以上,盆钵的底部要有排水孔,确保其根系能充分扩展并长期供给养分。

黄秋葵品种多样,集茎、叶、花和果实一体,植株直立挺拔,叶柄长,茎粗壮,株型舒展洒脱,身姿优美,生长势强。其叶宽大,呈掌状,绿色,叶脉绿色或紫红色;花期较长,晨开午闭,花大而艳丽,着生于叶腋,节节开花,冠黄心紫,做成切花具有观赏价值;蒴果,呈圆锥形或羊角状,有无棱者和具棱者,绿色或紫红色。黄秋葵菜、药、花兼用,在气候炎热的盛夏时节,迎着烈日越长越旺,花越开越多、越开越大、越开越艳,其观赏价值不亚于同科同属的园林花境常用植物材料黄葵,可以广泛应用于庭院、园林、花坛四周、公园一隅,或是在池边、路旁,在城市绿化中与其他各种草本花卉,创造形形色色的花池、花坛、花境、花台、花箱等,布置在公园、交叉路口、道路广场、主要建筑物之前和林荫大道、滨河绿地等风景视线集中处,起着装饰美化的作用。

"秋花最是黄葵好,天然嫩态迎秋早。染得道家衣,淡妆梳洗时。晓来清露滴,一一金杯侧。插向绿云鬟,便随王母仙",在中国这样一个有着几千年历史的古国,由于蔬菜与生活的密切关系,使其往往成为诗歌创作的泉源和被吟咏的对象,"人人尽道黄葵淡,侬家解说黄葵艳。可喜万般宜,不劳朱粉施。摘承金盏酒,劝我千长寿。擎作女真冠,试伊娇面看"。在这二首宋代·晏殊词中,写得黄葵相思醉人,艳丽异常,像一杯金盏,在枝头摇曳生姿。由此看来,在宋朝时黄葵已经足见其普及之广。而晏殊之外,赵长卿、苏东坡、黄庭坚乃至清朝的纳兰性德对其也多有吟咏。古人诗词中赞美的黄葵,似是黄蜀葵的简称,是不是指现今的黄秋葵,这就有待考证了。

主要参考文献

陈贵林,任良玉.1993.黄秋葵的生物学特性和栽培技术[J].中国蔬菜(2):54-55.

陈荣建,刘燕,吕杰维,等.2014.黄秋葵在贵阳地区引种栽培研究[J].安徽农业科学,42(15):4 594-4 596.

董彩文,梁少华.2007.黄秋葵的功能特性及综合开发利用[J].食品研究与开发(5):180-182.

方明清.2015.大棚黄秋葵提早栽培技术[J].福建农业科技(7):26-27.

冯焱,汪卫星,刘利,等.2006.黄秋葵和红秋葵的细胞学研究[J].西南园艺,34(1):11-13.

高玲,刘迪发,徐丽.2014.黄秋葵研究进展与前景[J].热带农业科学,34(11):22-27.

何慕怡,沈文杰,李育军,等.2014.黄秋葵营养加工特性及其冻干食品研发[J].长江蔬菜(22):1-7.

何阳平.2015.台湾五福黄秋葵栽培技术[J].福建农业科技(9):42-43.

洪建基,曾日秋,姚运法,等.2015.黄秋葵种质资源遗传多样性及相关性分析[J].中国农学通报,31(28):79-84.

胡韬,王辉,李臻,等.2012.黄秋葵保健茶加工技术研究[J].河南科技(11X):96-96.

黎军平,韦吉,罗燕春,等.2008.黄秋葵施肥研究进展[J].热带农业科学,28(4):103-106.

李红梅,郭计欣,郑宝智,等.2015.黄秋葵高产栽培技术[J].

中国果菜(8):48-50.

李加兴,陈选,邓佳琴,等.2014.黄秋葵黄酮的提取工艺和体外抗氧化活性研究[J].食品科学(10):121-125.

李晓霞.2015.早春黄秋葵—秋芫荽高产高效栽培技术[J].上海农业科技(3):148-149.

练冬梅,姚运法,赖正锋,等.2016.黄秋葵果实加工利用研究进展[J].中国农学通报,32(27):161-164.

廖海兵.2012.黄秋葵功效成分纯化鉴定及其在不同品种间差异研究[D].杭州:浙江农林大学.

刘剑波.2012.黄秋葵的化学成分及抗氧化活性分析[D].杭州:浙江农林大学.

刘金样,张涛,肖生鸿.2014."植物伟哥"黄秋葵的种质特性与功能价值[J].岭南师范学院学报(6):85-89.

刘维侠,曹振木,党选民,等.2012.保健蔬菜黄秋葵遗传育种研究进展[J].热带农业工程,36(6):26-29.

刘燕,陈荣建,谢道平,等.2014.不同品种黄秋葵引种栽培比较研究[J].贵阳学院学报(自然科学版),9(1):79-82.

刘昭华.2017.图说黄秋葵高效栽培[M].北京:机械工业出版社.

刘志媛,党选民,曹振木.2003.土壤水分对黄秋葵苗期生长及光合作用的影响[J].热带作物学报,24(1):70-72.

卢隆杰,苏浓,岳森.2004.菜药花兼用型植物:黄秋葵[J].特种经济动植物(8):33-34.

罗先群,曹静.2000.黄秋葵软罐头的研究[J].食品研究与开发(4):20-22.

梅再生,龚德祥等.2015.一品五角黄秋葵[J].长江蔬菜(1):17-18.

邱松山,王彦安,吕红枚,等.2015.均匀设计优化黄秋葵花中多酚提取工艺及抗氧化活性探讨[J].农业科学与技术(英文版),16(9):2 025-2 028.

任丹丹,陈谷.2010. 黄秋葵多糖组分对人体肿瘤细胞增殖的抑制作用[J].食品科学,31(21):353-356.

阮惠明,李锋,池福铃.2016. 黄秋葵露地高效优质栽培技术[J].农业科技通讯(3):175-176.

唐明霞,程玉静,花印梅,等.2016. 设施大棚"蚕豆/黄秋葵/芹菜+丝瓜+番茄"周年种植模式[J].蔬菜(10):50-52.

田科巍.2012. 黄秋葵油脂及多糖提取工艺优化和组分分析[D].合肥:合肥工业大学.

田洋.2015. 黄秋葵的研究进展[J].农业科技与装备(9):48-52.

王宏.2013. 黄秋葵降血脂的功能与作用机理研究[D].广州:华南理工大学.

王维婷,郭淑,刘超,等.2015. 黄秋葵生物活性物质及加工研究进展[J].山东农业科学(11):134-136.

王彦阳,崔志新,梁广文.2011. 黄秋葵挥发油对小菜蛾的触角电位反应及趋性研究[J].应用昆虫学报,48(2):328-331.

夏声广.2014. 黄秋葵病虫无害化治理技术[J].农技服务(10):30-31.

辛松林.2014. 采后黄秋葵果实耐贮性及加工应用研究进展[J].食品工业(5):209-213.

徐丽,高玲,刘迪发,等.2015. 环境对6个黄秋葵栽培种结荚量的影响[J].中国农学通报,31(19):74-79.

徐丽,刘迪发,张如莲,等.2014. 黄秋葵种子研究进展[J].中国农学通报,30(22):97-101.

许如意,肖日升,范荣.2010. 三亚市黄秋葵品种引进比较试验[J].广东农业科学(11):102-103.

薛志忠,刘思雨,杨雅华.2013. 黄秋葵的应用价值与开发利用研究进展[J].保鲜与加工,13(2):58-60.

杨春安等.2015.湖南黄秋葵品种引进筛选试验[J].特种经济动植物(8):41-44.

杨东星,盛艳乐,刘春霞.2014.徐州地区不同品种黄秋葵引种试验[J].农业开发与装备(4):74,147.

杨群,张锴.2011.黄秋葵胶囊的制备及质量控制[J].中国现代应用药学,28(s1):1 323-1 326.

尤培雷,许杰,钱忠英.2007.黄秋葵愈伤组织的产生及其切片观察[J].上海农业学报,23(3):92-95.

曾亚成.2015.冬季黄秋葵大棚栽培技术[J].福建热作科技,40(2):35-36.

张绪元,黄捷,刘国道.2009.43份黄秋葵种质的ISSR分析[J].热带作物学报,30(3):403-408.

赵焕焕,贾陆,裴迎新.2012.黄秋葵粗多糖体外抗氧化活性测定[J].郑州大学学报(医学版),47(1):40-43.

郑忠培.2016.黄秋葵的化学成分及抗氧化活性研究[J].科技传播(5):138-139.

周佳民,何荣壮,汤洪,等.2015.黄秋葵品系性状的比较[J].热带生物学报,6(3):320-324.

周江波,杨学光.2015.黄秋葵遗传育种及应用潜力的研究进展[J].凯里学院学报,33(6):63-65.

周淑荣,包秀芳,董昕瑜.2014.黄秋葵的栽培管理[J].特种经济动植物(12):39-41.

周淑荣,包秀芳,董昕瑜.2015.黄秋葵的病虫害防治[J].特种经济动植物(1):51-54.

朱一闻,方树远,徐天姿,等.2013.黄秋葵多糖抗小鼠运动性疲劳及其作用机理的研究[J].浙江中医药大学学报,37(7):902-904.